会声会影X5
——DV剪辑从新手到高手

王新美 编

中国电力出版社
CHINA ELECTRIC POWER PRESS

内容提要

本书根据会声会影 X5 影片剪辑流程精心设计了循序渐进的教学体系。在介绍会声会影 X5 软件使用的过程中，穿插了大量的典型应用实例。全书共分 11 章，详细介绍了会声会影 X5 新功能与新特性、DV 带刻录成 DVD 光盘等基础知识，以实践为基础，详细讲解捕获视频素材、灵活运用影片剪辑功能、为影片添加炫目的视频特效、添加转场效果、覆叠与透空运用、添加标题和字幕、影片中的配音与配乐以及分享和输出影片等内容。通过阅读本书，读者可以掌握影片制作过程中的每一个技术要领，能够灵活自如地编辑和制作影片。

本书还提供了配套教学 DVD 光盘，内容包括全书各章节的案例素材，以及全程录制的多媒体视频教学，方便读者更加直观、轻松地学习、实践，顺利晋级到视频剪辑高手的行列。

图书在版编目（CIP）数据

会声会影 X5：DV 剪辑从新手到高手 / 王新美编 . —北京：中国电力出版社，2015.1

　ISBN 978-7-5123-6367-0

Ⅰ．①会⋯　Ⅱ．①王⋯　Ⅲ．①多媒体软件 – 图形软件
Ⅳ．①TP391.41

中国版本图书馆 CIP 数据核字（2014）第 194327 号

中国电力出版社出版、发行
（北京市东城区北京站西街 19 号　100005　http://www.cepp.sgcc.com.cn）
北京博图彩色印刷有限公司印刷
各地新华书店经售

*

2015 年 1 月第一版　　2015 年 1 月北京第一次印刷
787 毫米 ×1092 毫米　16 开本　19.75 印张　493 千字
印数 0001—3000 册　　定价 **69.00** 元

Preface 前言

本书目的

这个世界已经进入了全面的数码时代，越来越多的用户开始使用摄像机、数码相机、手机拍摄视频和照片。特别是高清摄像设备的出现和普及，给用户带来了前所未有的拍摄体验，但随之而来的问题就是怎样把拍摄完成的视频或照片导入到计算机中，并且编辑出具有电影电视一样的更加专业的效果。

对于大多数视频拍摄的爱好者而言，视频剪辑是一个艰深难懂的领域。各种视频编辑设备价格高昂不说，这些设备后期的使用如果没有相当专业的功底，视频的编辑对绝大部分人来说依然是畏途，所以利用计算机的强大功能进行纯软件的编辑就变得更加适合视频爱好者，会声会影就是一款老牌且功能强大、易于使用的视频编辑软件，掌握它的基本应用较为简单。但是，要想真正入门则需要学习一些方法和技巧，很多读者非常渴望能有一位会声会影高手，像家庭教师一样随时提供操作咨询和现场点拨。本书的编写目的就是成为这样一位随叫随到，耐心细致的视频剪辑家庭教师。

本书特色

人性化的结构布局

本书从视频剪辑初学者的实际需求出发，更照顾到有一定基础的视频编辑爱好者，独具匠心地安排了全书的内容结构。无论是初学者还是有一定基础的爱好者，都可以以本书开始自己的学习历程。

深入浅出的内容安排

会声会影 X5 新功能与新特性解答了初次使用会声会影 X5 的用户最关心的一些问题，深入了解这个全新的视频剪辑软件；接着，全面介绍了把 DV 带直接刻录成 DVD 光盘、捕获视频素材、灵活运用影片剪辑功能、为影片添加炫目的视频特效、转场效果、覆叠与透空运用、添加标题和字幕、配音与配乐以及分享和输出影片等核心内容，帮助您扫清技术障碍，彻底抛开"菜鸟"的称谓！

精挑细选的实战案例

为了帮助读者更加直观地理解书中的内容，本书根据作者多年视频拍摄以及影片编辑的实际经验，精心挑选了各种有针对性的实战案例，操作步骤具体直观，可操作性强，读者可以一边学习一边在电脑上操作。通过阅读这些案例，不仅可以快速直观地掌握很多剪辑知识和技巧，并且读者可以举一反三，掌握实现各种超炫效果，第一次就能制作出个性化的电影！

流程般图文表述

为了使学习过程更加轻松，全书几乎每个步骤都配有实际操作的图片，非常直观，初学者甚至可以跟着这些图片学会软件的操作。另外，本书还深入浅出地手把手讲解视频剪辑爱好者必须掌握的各种知识。对有心不断提高自己的视频编辑水平的读者有很大的帮助。书中还设计了许多技巧提示，恰到好处地对读者进行点拨。只需按书中的体系用心体会，即可逐步掌握，融会贯通，在较短的时间内全面掌握视频剪辑的基础知识及实用技巧，并将这些技巧灵活地运用到实践中。

编　者

Contents 目 录

03　捕获视频素材　　　　　　56

09　影片中的配音与配乐　　225

01

初识会声会影

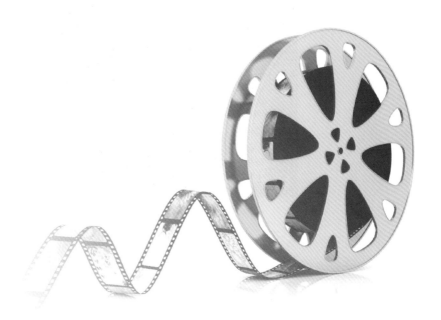

会声会影 X5
DV 剪辑从新手到高手

1.1 会声会影 X5 新功能与新特性

Corel 会声会影 X5 是一款多合一视频编辑器，集创新编辑、高级效果、屏幕录制、交互式 Web 视频和各种光盘制作方法于一身。它速度超快并随附提供各种直观工具，使您能够创建各种媒体，从家庭影片和相册到有趣的动画定格摄影、演示文稿的屏幕录制以及教程等。利用高级合成功能和一流的创意效果充分发挥您的创造力。利用前所未有的快速多核处理器挖掘您的计算机的全部处理能力。利用本机 HTML5 视频支持和增强的 DVD 及 Blu-ray™ 制作，随时随地实现共享。

会声会影 X5 在旧版本基础上，新增与加强功能包括以下几个方面。

1.1.1 屏幕录制

会声会影可以不到主流屏幕录制软件三分之一的成本，制作屏幕录制视频。通过一个易于捕获的界面直接从屏幕录制幻灯片、教程、产品演示、游戏、操作方法视频等。

会声会影 X5 屏幕捕获界面

1.1.2 更高的性能

会声会影通过显卡的 GPU 和 CPU 的多核加速，可以充分利用 PC 的全部处理能力。会声会影 X5 可同时运行更多进程，实现前所未有的快速渲染。

1.1.3 新增 HTML5 的支持

借助内置的 HTML5 支持和 HTML5 即时项目，通过屏幕上的图形、集成的超链接和影片，直接在会声会影 X5 中创作交互式视频。

1.1.4 导入多图层图形

会声会影支持 Corel® PaintShop ™ Pro 的图层，可以将多图层图像文件的各图层导入到会声会影 X5 内的各轨道上，以便能够向剪辑添加图层，制作出令观众赞叹的效果。

1.1.5 模板库

会声会影支持模板库的直接导入，将模板直接从素材库拖动到时间轴上，便可以立即开始影片的制作。用户可以制作自己的模板、从 Corel® 指南下载模板或者从免费的 PhotoVideoLife. com 社区下载模板。

1.1.6 改进的 DVD 制作

会声会影 X5 中大幅改进的 DVD 和 Blu-ray ™制作功能，用户可以编辑和创建可显示或隐藏的 DVD 字幕或从 ISO 光盘映像进行刻录等。

1.1.7 可下载和交换模板

登录增强的 Corel 指南，下载电影模板、免费教程内容、图形等。而且，PhotoVideoLife.com 提供了博客和免费的模板交换服务，对于专业或准专业用户可以合理的价格购买顶级模板和效果。

1.1.8 工作区可扩展性

会声会影 X5 目前已经支持在主屏幕上缩放。甚至用户可以将任何一个工作区域以喜欢的任何方式进行移出、拖动和放置等操作，并可以拖放到第二个显示屏中。

1.2 会声会影 X5 的系统需求

视频编辑需要较多的系统资源，在配置计算机系统时，要考虑的主要因素是硬盘的大小和速度、内存和 CPU。这些因素决定了保存视频的容量、处理和渲染文件的速度。如果用于编辑高清影片，建议购买较大容量的硬盘、更多内存和更快的 CPU。表 1-1 中列出了使用会声会影 X5 编辑影片的系统需求。

表 1–1　使用会声会影 X5 的系统需求

硬件名称	基本配置与建议配置
CPU	建议使用 Intel Core Duo 1.83 GHz、AMD 双核 2.0 GHz 或更高
操作系统	Microsoft® Windows® 7、Windows Vista® 或 Windows® XP，安装有最新的 Service Pack（32 位或 64 位版本）
内存	2 GB 内存（建议使用 4 GB 以上）
硬盘	3GB 可用硬盘空间用于安装程序，用于视频捕捉和编辑的影片空间尽可能大 注意：捕获 1 小时 DV 视频需要 13GB 的硬盘空间；用于制作 DVD 的 MPEG-2 影片 1 小时需要 4.7G 硬盘空间
光盘驱动器	Windows® 兼容 DVD-ROM 驱动器以进行安装
光盘刻录机	DVD-R/RW、DVD+R/RW、DVD-RAM、CD-R/RW 和 Blu-ray（蓝光）刻录机
显示卡	128 MB VGA VRAM 或更高（建议使用 1 GB 或更高）
声卡	Windows 兼容的声卡（建议采用多声道声卡，以便支持环绕音效）
显示器	至少支持 1024×768 像素的显示分辨率，24 位真彩显示
其他网络	必须连接 Internet，才能在安装期间验证序列号，实现联机功能和观看教程视频

1.3 会声会影 X5 支持的输入 / 输出格式

根据影片的用途不同，常常需要以不同的格式保存和输出影片。会声会影 X5 支持几乎所有流行的视频、声音和图像文件格式，主要包括表 1-2、表 1-3 所列的一些类型。

表 1-2　会声会影 X5 支持的输入文件格式

类　别	支持的格式
视频文件	AVI、MPEG-1、MPEG-2、AVCHD™、MPEG-4、H.264、BDMV、DV、HDV™、DivX®、QuickTime®、RealVideo®、Windows Media® Format、MOD（JVC® MOD 文件格式）、M2TS、M2T、TOD、3GPP、3GPP2
图像文件	BMP、CLP、CUR、EPS、FAX、FPX、GIF、ICO、IFF、IMG、J2K、JP2、JPC、JPG、PCD、PCT、PCX、PIC、PNG、PSD、PSPImage、PXR、RAS、RAW、SCT、SHG、TGA、TIF、UFO、UFP、WMF
音频文件	Dolby Digital Stereo、Dolby Digital 5.1、MP3、MPA、WAV、QuickTime、Windows Media Audio
光盘类型	DVD、视频 CD（VCD）、超级 VCD（SVCD）

表 1-3　会声会影 X5 支持的输出文件格式

类　别	支持的格式
视频文件	AVI、MPEG-2、AVCHD、MPEG-4、H.264、BDMV、HDV、QuickTime、RealVideo、Windows Media、3GPP、3GPP2、WebM、HTML5
图像文件	BMP、JPG
音频文件	Dolby Digital Stereo、Dolby Digital 5.1、MPA、WAV、QuickTime、Windows Media Audio、Ogg Vorbis
光盘输出	DVD（DVD-Video/DVD-R/AVCHD）、蓝光光盘（BDMV）
光盘类型	DVD（DVD-Video/DVD-R/AVCHD）、Blu-ray Disc™（BDMV）

注：对有些格式的支持可能需要第三方软件。

1.4　安装会声会影 X5

　　会声会影目前提供盒装版及下载版两种购买方式，盒装版包含授权文件及软件安装程序的光盘，下载版包含授权文件及需要下载安装程序。

1.4.1　光盘安装

> **提示　卸载旧版本软件**
>
> 　　如果系统中安装过旧版本的会声会影，请务必将其卸载，并在安装会声会影 X5 之前，备份先前版本曾经使用过的项目和媒体文件。

　　下面以安装光盘为例介绍安装会声会影 X5 的操作步骤。

01 将会声会影 X5 的安装盘放入光盘驱动器，将自动启动安装程序，显示安装界面，图 1-1 显示安装界面。如果光盘没有自动运行，可在 Windows 资源管理器中双击光驱所在盘符下的 图标手工运行安装程序。

02 单击安装界面上的【安装会声会影】，打开许可协议窗口，仔细阅读许可协议的内容，并选中【我接受许可协议中的条款】选项，如图 1-2 所示。

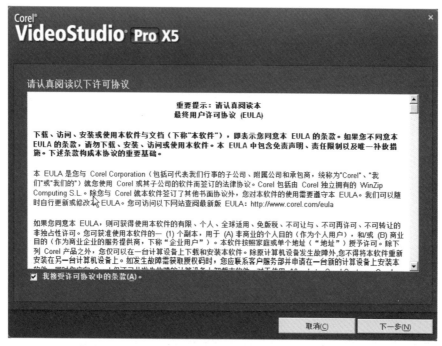

图 1-2　打开许可协议窗口

03 单击【下一步】按钮，在城市 / 区域的列表中选择【中国】，如图 1-3 所示。

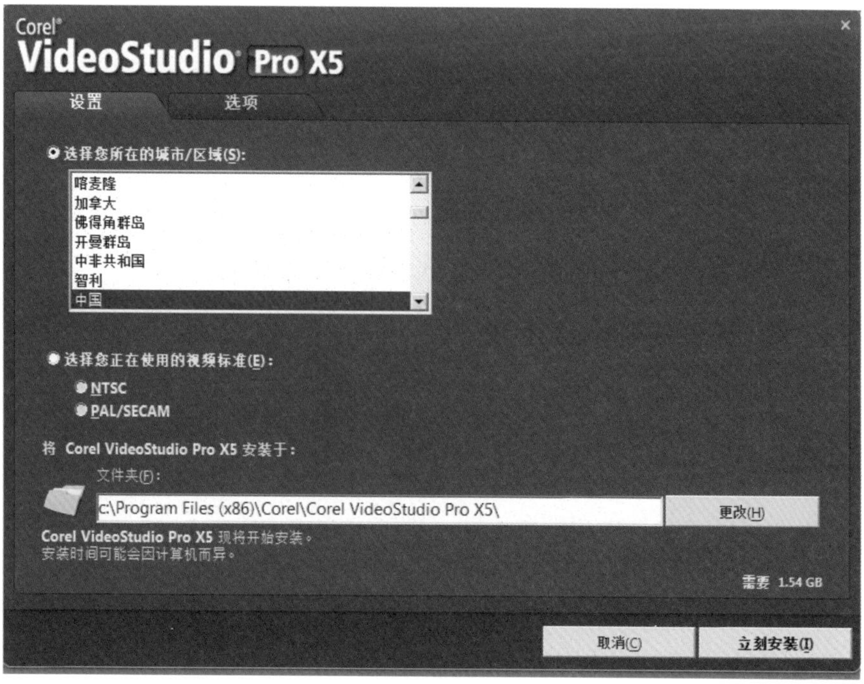

图 1-3　选择

04 对话框下方指定软件的安装路径，如果 C 盘的空间足够大，采用默认路径即可。如果需要将软件安装到其他磁盘分区，单击右侧的【更改】按钮，在弹出的对话框中指定新的安装路径。设置完成后，单击【确定】按钮。

图 1-4　指定安装路径

05 设置完成后，单击【立刻安装】按钮，将会声会影所需要的数据复制到硬盘上。

图 1-5　所需要数据复制到硬盘

06 会声会影所需要的全部数据复制完成后，单击【完成】按钮，结束会声会影的安装。

图 1-6 单击【完成】按钮，结束安装

1.5 启动会声会影 X5

可以使用以下的两种方法之一启动软件。

方法 1：双击 Windows 桌面上的会声会影图标 。

方法 2：从【开始】菜单中选择 Corel VideoStudio Pro X5 程序组中的 Corel VideoStudio Pro X5。

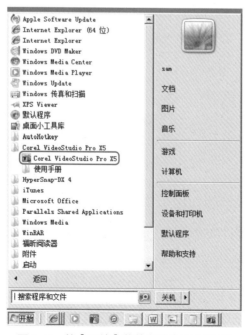

图 1-7 从【开始】菜单启动会声会影 X5

会声会影启动中的画面。

图 1-8　启动画面

首次启动会声会影后，软件会弹出一个信息窗口，提示注册，为了更好地使用好该软件，请使用邮箱进行注册。

图 1-9　使用邮箱进行注册

根据页面提示，输入邮箱地址及所在的国家或地区，然后按下"注册"按钮。

图 1-10　注册页面

1.6　卸载会声会影 X5

在使用过程中难免会因为某些原因导致程序无法正常工作。在这种情况下，最好的办法就是卸载程序再重新安装。

01 关闭会声会影 X5，选择【开始】/【所有程序】/【控制面板】，打开 Windows 控制面板，如图 1-11 所示。

图 1-11　打开控制面板

02 点击【程序和功能】图标，打开【程序和功能】对话框，如图 1-12 所示。

图 1-12　打开【程序和功能】

03 在列表中选择【Corel VideoStudio Pro X5】，然后单击屏幕上方的【卸载 / 更改】按钮。

图 1-13　卸载或更改程序对画框

04 在弹出的对话框中选中【清除 Corel VideoStudio Pro X5 中的所有个人设置】选项，单击【删除】按钮。

图 1-14　卸载确定页面

05 程序自动卸载会声会影 X5 及其相关组件，并显示卸载进度。

图 1-15　卸载进度页面

06 单击【完成】按钮，卸载完毕，如图 1-16 所示。

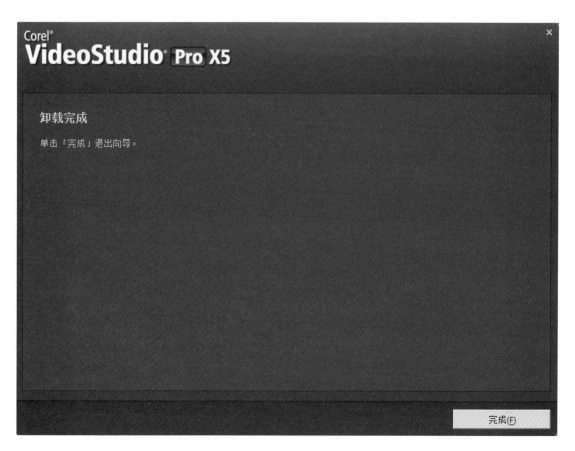

图 1-16　卸载完毕

1.7　通过 Corel 网站获取支持

　　会声会影 X5 是 Corel 出品的视频编辑软件，Corel 为用户提供了完善的技术支持和服务。如果希望获取支持，可以登陆公司网站 www.corel.com。

1.7.1　下载试用版本

　　Corel 公司的官方网站提供了会声会影 X5 软件试用版服务，试用版软件可以免费使用 30天，下载方法如下。

01 启动 IE 并登陆到 Corel 公司的官方网站 www.corel.com，点击页面中的"产品"选择会声会影 X5。

图 1-17　选择会声会影

02　单击页面中的【下载试用版】，开始下载试用版。

图 1-18　下载试用版

1.7.2　软件售后支持服务

Corel 为客户提供全面的帮助服务，登陆网站 http://www.corel.com 并单击【支持服务】，即可查看在"安装中心"、"产品购买"、"认识您的产品"、"更新程序"、"知识库"等分类中，查阅与自己相关的服务信息。

图 1-19　查看售后支持服务信息

> **提示**
> 如果是产品使用中遇到的问题，请确认是否已经注册了产品。公司不接受尚未注册产品的用户。非技术相关问题如购买信息、产品注册、启动等相关问题，也请洽询技术支持工程师。

02

会声会影 X5 从零开始

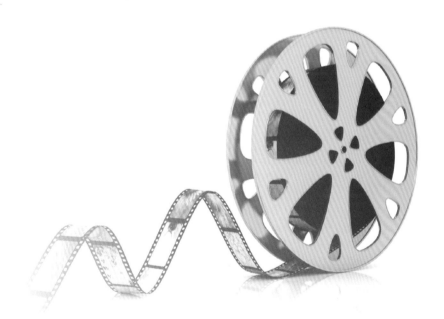

2.1 熟悉会声会影 X5 的操作界面

启动会声会影，进入会声会影 X5 的操作界面。使用会声会影的图形化界面，可以清晰而快速地完成影片的编辑工作，如图 2-1 所示。下面将对会声会影操作界面上各个部分的名称和功能做一个简单介绍，见表 2-1，以便对影片的编辑流程和控制方法有一个基本认识。

图 2-1 会声会影 X5 的主界面

表 2-1 操作界面各部分的名称和功能

名　称	功　能
菜单栏	提供了常用的文件、编辑、工具以及设置命令集
步骤面板	包含捕获、编辑、分享 3 个步骤，单击步骤面板上相应的按钮，可以在不同的步骤之间切换
素材库	保存和整理所有的媒体素材。在编辑不同类型的素材时，显示相应的视频素材、图像素材、音频素材、视频滤镜、转场效果、标题和色彩素材等
选项按钮	点击可以打开选项面板，面板中包含控件、按钮和其他信息，可用于自定义所选素材的设置。此面板的内容将根据所在的步骤而变化
导览面板	使用这些按钮，可以浏览所选的素材，并对素材进行精确的编辑和修整
预览窗口	显示当前的素材、视频滤镜、效果或标题，以便于用户了解当前素材的内容
时间轴	显示项目中包含的所有素材、标题和效果。可以根据需要选取相应的素材进行编辑

会声会影 X5 将影片创建的步骤简化为 3 个简单的步骤，见表 2-2。单击步骤面板上相应的按钮，可以在不同的步骤之间切换。

表 2-2 影片创建步骤

步 骤	功 能
1 捕获	在【捕获】步骤中可以直接将视频源（摄像机等）中的影片素材捕获到计算机中。录像带中的素材可以被捕获成单独的文件或自动分割成多个文件。在【捕获】步骤中还可以单独捕获静态图像
2 编辑	【编辑】步骤是会声会影的核心。在这个步骤中可以整理、编辑和修整视频素材；在素材之间添加转场，使素材之间平滑过渡；创建动态的文字标题或从素材库中直接选择预设标题；为影片配音、配乐；将滤镜效果应用到素材上
3 分享	在影片编辑完成后，在【分享】步骤中可以创建视频文件或者将影片输出到磁带、光盘、移动设备或者上传到网络上

2.2 自定义界面布局

可以使用拖曳的方式调整界面的大小布局，使用户能够根据自己的需要更加方便地控制界面。在标准模式下，向上或向下拖动分界线可以显示更大的预览窗口或者显示更多的素材略图，如图 2-2 所示。

图 2-2 拖动分界线以改变各个区域大小

拖动左右分界线，可以改变素材窗口的大小，可以显示更多素材，拖动上下的分界线改变编辑的时间轴大小，如图 2-3 所示。

图 2-3　向左拖动扩大素材区域，向上拖动扩大编辑轨道

在界面上各个窗口的 ▓▓▓▓▓▓▓ 区域按住并拖动鼠标，可以自由调整各个窗口的摆放位置，并在各个窗口的四角按住鼠标拖动改变窗口大小，如图 2-4 所示。

图 2-4　调整各个窗口的摆放位置和大小

如果同时使用两台显示器，可以分屏显示，一个屏幕显示预览效果，另外一个屏幕显示编

辑窗口和素材，如图 2-5 所示。

图 2-5 分屏显示操作界面

2.3 保存自定义的界面

界面调整完成后，如需软件将来记住本次调整，请一次选择菜单栏上的【设置】/【布局设置】/【保存至】命令，然后在子菜单中选择一个自定义名称（如自定义＃1），保存当前的界面布局，如图 2-6 所示。

图 2-6 保存界面布局

2.4 调用自定义界面

点击菜单栏中设置按钮，并依次选择【布局设置】/【切换到】命令，在已经保存的界面布局中进行选择，如图 2-7 所示。

图 2-7 切换到已经保存的界面布局

2.5 恢复到默认界面

按快捷键 F7 键可将操作界面恢复到标准模式。另外在调整界面过程中，双击对应窗口左上角的 "▭▭▭▭▭" 位置，可进行还原，如图 2-8 所示。

图 2-8 双击窗口左上角恢复界面布局

2.6 编辑轨道的两种视图模式

会声会影的编辑轨道提供了故事板和时间轴 2 种视图模式，分别单击编辑轨道上方的 ▭ 按钮和 ▭ 按钮，可以在这 2 种视图模式之间切换。

单击 ▭ 按钮切换到故事板视图。故事板视图是将素材添加到影片中最快捷的方式。故事板中的略图代表影片中的一个事件，事件可以是视频素材，也可以是转场或静态图像。略图按项目中事件发生的时间顺序依次出现，但对素材本身并不详细说明，只是在略图下方显示当前素材的区间，如图 2-9 所示。

图 2-9　故事板视图模式

点击▦按钮切换到时间轴视图。时间轴模式可以准确地显示每个媒体文件在时间上的长短，时间轴模式的素材可以是视频文件、静态图像、声音文件、音乐文件或者转场效果，也可以是彩色背景或标题。

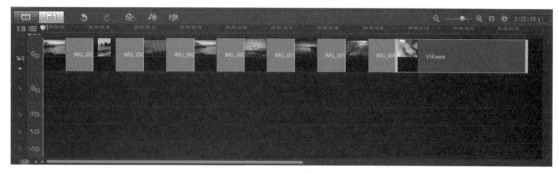

图 2-10　时间轴视图模式

在时间轴模式下，编辑轨道被水平分割成视频轨、覆叠轨、标题轨（字幕）、声音轨以及音乐轨 5 个不同的轨，如图 2-11 所示。单击相应的按钮，切换到它们所代表的轨，以便于选择和编辑相应的素材。

图 2-11　时间轴视图

会声会影 X5
DV 剪辑从新手到高手

2.7 素材库的使用

会声会影的【素材库】用于保存创建影片所需的所有内容，单击素材库左侧相应的按钮，分别在（媒体，包括照片、视频和音频素材）、（转场）、（标题）、（图形，包括色彩、对象、边框、flash 动画等素材类别）、（滤镜）等类别之间切换，素材库中显示的内容会随之改变，如图 2-12 所示。

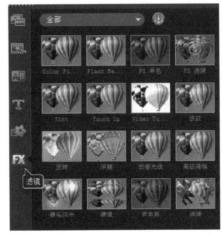

图 2-12　在素材库中切换

2.7.1　查看不同类型的素材

会声会影 X5 改进了素材库的组织和显示方式，可更方便地查找和使用媒体素材。

操作步骤

01 单击素材库左侧的按钮显示媒体素材，如图 2-13 所示。如果素材库上方的三个按钮为金色显亮时，表示在素材库中显示所有的媒体素材，素材库中包括照片、视频和音频素材。

图 2-13　显示媒体素材

02 单击素材库上方的 ▦ 使之处于灰色的 "▦" 状态，表示在素材库中将视频格式文件隐藏，如图 2-14 所示，其他 ▦（图像和照片文件）及 ♫（音乐文件）依此类推，点击相应按钮可以显示或隐藏该类型的文件。

图 2-14 在素材库中隐藏视频素材

在图 2-15 中，按下 ▦（隐藏视频）和 ▦（隐藏照片）按钮，素材库中只显示音频素材。

图 2-15 在素材库中显示音频素材

2.7.2 改变素材库视图模式

素材在素材库中，可以缩略图或列表方式显示，便于查找，点击素材库右上方的 "▦ ▦" 按钮，可以在这两种视图模式间切换，如图 2-16 所示。

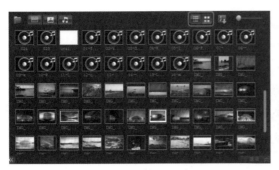

图 2-16　缩略图和列表视图模式

2.7.3　改变素材库中素材显示顺序

点击素材库右上方的"![按钮]"按钮，并在下拉列表中进行选择，可以按名称、类型、日期对素材进行排序，如图 2-17 所示。

图 2-17　在素材库中素材进行排序

2.7.4　改变素材缩略图显示大小

在缩略图模式中，按下鼠标并拖动素材库右上方的滑块，可以改变缩略图的大小，如图 2-18 所示。

图 2-18　拖动滑块以改变缩略图的大小

2.7.5　在素材库中创建自己的文件夹

在制作电影时，如果使用的素材较多，为了提高效率，可以在素材库中建立不同的文件夹用以存放不同种类的媒体文件。

操作步骤

01 点击素材左上方的"添加"按钮。如果该按钮未显示，请点击素材库左下方的"⟫"按钮以显示，如图 2-19 所示。

图 2-19　点击"⟫"按钮以显示更多文件夹

02 按下添加按钮后，输入文件夹的名称，然后按下键盘回车键，此时该文件夹中没有任何媒体文件，如图 2-20 所示。

图 2-20　在素材库中新建文件夹

03 点击上面默认的"样本"文件夹，按住 Ctrl 或 Shift 键单击文件缩略图，可以同时选中多个文件，然后按下鼠标左键将选中的媒体文件拖拽到刚才新建的文件夹中，如图 2-21 所示。

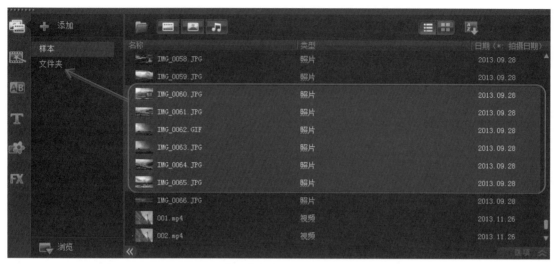

图 2-21　将已有素材移动到新建文件夹中

2.7.6　将媒体素材添加到素材库

在编辑影片时，常常会用到各种视频、照片和音频素材，按照以下的方法将这些素材添加到素材库中，方便在影片中调用。

操作步骤

01 点击素材库左侧的 ▣ 按钮，显示【媒体】素材库，然后点击导航面板中的【添加】按钮新建一个文件夹，如图 2-22 左图所示。为新建的文件夹指定名称后，在媒体库空白区域右击鼠标，并在弹出的菜单中点击"插入媒体文件"，如图 2-22 右图所示。

图 2-22　新建文件夹

02，在弹出的"浏览媒体文件"的对话框中找到要添加的照片、视频或者音频素材所在的路径，并选中需要添加的文件，如图 2-23 所示。

图 2-23 选中要添加到素材库中的文件

03 点击图 2-23 中 "┃ 打开(O) ┃" 按钮，将选中的文件添加到素材库中，如图 2-24 所示。

图 2-24 添加到素材库中的文件

图 2-25　从资源管理器直接添加素材

2.7.7　添加边框 / 对象 /Flash 动画素材

会声会影 X5 也可以将边框、对象和 flash 动画素材添加到素材库中，具体的操作步骤如下。

操作步骤

01 单击素材库左侧的 按钮，以选择【图形】素材库。点击素材库上方的选择按钮并在下拉菜单中选择【对象】、【边框】或者【Flash 动画】，如图 2-26 所示。

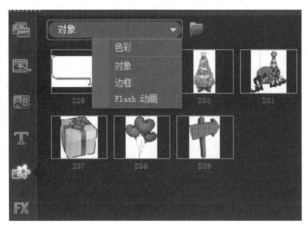

图 2-26　选择要添加的图形素材的类型

02 点击图 2-26 中素材库上方的 按钮，打开 Windows 资源管理器，在资源管理器中浏览并找到要添加的图形素材所在的路径，并选中需要添加的文件，如图 2-27 所示。

图 2-27 选中需要添加的图形素材

> ◎◎◎提示 **使用 PNG 格式的文件**
>
> 边框和对象素材通常都使用 PNG 格式保存，因为这样的文件可以保留图像的透明性。当这些素材被添加到覆叠轨上时，白色的部分将透空显示。

03 点击图 2-27 中的【打开】按钮，将选中的素材文件添加到相应素材库中，如图 2-28 所示。

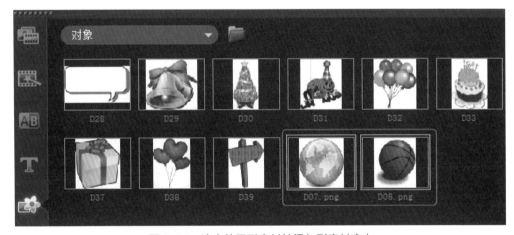

图 2-28 选中的图形素材被添加到素材库中

2.7.8 自定义色彩素材

色彩素材就是单色的背景，通常用于标题和转场之中。例如，可使用黑色素材来产生淡出到黑色的转场的效果，这种方式适用于处理片断或影片的结束位置。将开场字幕放在色彩素材

上，然后使用交叉淡化效果，也可以在影片中创建平滑的转场效果。

在会声会影中，通常从素材库添加色彩素材。但是，素材库中的色彩素材颜色有限，常需要自定义色彩素材，操作步骤如下。

操作步骤

01 单击素材库左侧的 按钮，选择【图形】素材库。在素材库上方的下拉菜单中选择【色彩】命令切换到【色彩】素材库，如图 2-29 所示。

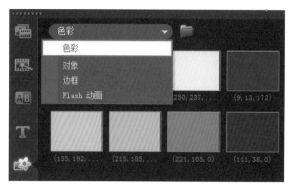

图 2-29　切换到【色彩】素材库

02 点击素材库上方的【添加】按钮 ，打开图 2-30 所示的【新建色彩素材】对话框。

图 2-30　打开【新建色彩素材】对话框

03 单击【色彩】右侧的颜色方框，从图 2-31 左图所示的弹出菜单中选择【Corel 色彩选取器】或【Windows 色彩选取器】命令，并在弹出的对话框中选取需要使用的色彩。

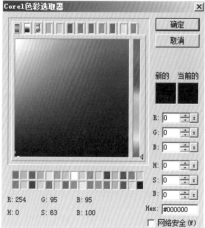

图 2-31　选择要使用的色彩

04 设置完成后，单击"[确定]"按钮，所定义的颜色将被添加到素材库中。

2.7.9 从素材库中删除媒体素材

从素材库中删除媒体素材，可按照以下的方法操作。

操作步骤

01 在素材库中点击缩略图选取要删除的素材，如图 2-32 所示。

图 2-32 选中要删除的素材

02 右键单击素材库中选中的素材，从弹出菜单中选取【删除】命令，如图 2-33 所示。

图 2-33 选择【删除】命令

03 弹出的信息提示窗口中询问是否确认删除素材库中的略图，点击"[是(Y)]"按钮将选中的素材从素材库中删除，如图 2-34 所示。

图 2-34　确认是否删除

◎◎◎**特别提示**　**删除略图不会删除硬盘上对应的文件**

这样的操作仅仅是从素材库中删除略图，不会删除保存在硬盘上的相应文件。

2.7.10　处理链接丢失的素材

在影片编辑过程中，添加到素材库中的媒体文件，如果这些文件的原始文件被删除、改名、转移位置等，素材库相应的略图上会显示黄色的"█"标记，表示对应的素材已经发生了变化，如图 2-35 所示。

图 2-35　对应的素材已经发生了变化

对于这些链接丢失的素材可以将其直接删除，如果需要的话还可以再次添加到素材库中，但通常可以通过重新链接的方式将素材库中的缩略图指定新的位置，操作步骤如下：

01　在丢失链接的素材上单击鼠标，将弹出图 2-36 所示的信息提示窗口，单击 删除(D) 按钮，可以删除丢失链接的素材略图。

图 2-36　信息提示窗口

02 单击 重新链接(R) 按钮，在弹出的对话框中可以重新查找相应的素材，如图 2-37 所示。

图 2-37 重新查找相应的素材

04 找到丢失链接的文件后，单击" 打开(0) "按钮，素材库中的略图与文件重新建立正确链接，略图上的黄色" "标记消失。

2.7.11 在素材库中剪辑影片

使用会声会影 X5，可以直接在素材库中剪辑视频素材。这样，可以先对影片中需要使用的素材单独剪辑，然后直接调用到想要编辑制作的影片中。

操作步骤

01 在素材略图上单击鼠标右键，从弹出菜单中选择【单素材修整】命令，打开【单素材修整】对话框，如图 2-38 所示。

图 2-38 打开【单素材修整】对话框

03 使用播放按钮" "或者拖动预览窗口下方飞梭栏上的滑块" "查看影片内容，然后将滑块定位在需要剪切的开始位置，如图 2-39 所示。

04 单击【设置开始标记】按钮 "**[**"，设置需要剪辑的开始标记，如图 2-40 所示。

图 2-39　定位开始位置

图 2-40　设置开始标记

05 继续使用播放控制按钮或者拖动滑块，将滑块定位在视频片断的结束位置，如图 2-41 所示。

06 单击【设置结束标记】按钮 "**]**"，设置需要剪辑的结束标记。这样，就可以自动剪掉开始标记之前和结束标记之后的视频内容，如图 2-42 所示。

图 2-41　定位结束位置

图 2-42　设置结束标记

07 单击 ▇▇确定▇▇ 按钮，剪辑完成后的素材被保存到素材库中，如图 2-43 所示。

图 2-43　剪辑完成后的素材被保存到素材库

2.7.12　在素材库中分割场景

使用会声会影 X5，也可以直接在素材库中进行场景分割，由程序自动查找素材中的各个片断，并将它们分割为单独的视频素材。

操作步骤

01 在素材略图上单击鼠标右键，从弹出菜单中选择【按场景分割】命令，如图 2-44 所示。

图 2-44　选择【按场景分割】命令

02 在【场景】对话框中单击【扫描方法】右侧的三角按钮，从下拉列表中选择【帧内容】，同时选中【将场景作为多个素材打开到时间轴】选项，如图 2-45 所示。

图 2-45　将扫描方式设为帧内容

03 单击【扫描】按钮，程序根据画面内容的变化扫描场景，并将扫描到的场景显示在对话框的列表中，如图 2-46 所示。

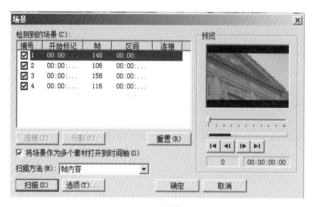

图 2-46　扫描场景

04 单击"确定"按钮，素材中的场景被分割为单独的视频文件保存在素材库中，如图 2-47 所示。

图 2-47　场景被分割为单独的视频文件保存在素材库中

2.8　预览窗口的使用

　　会声会影 X5 的预览窗口下方有一些播放控制按钮和功能按钮，用于预览和编辑项目中使用的素材。用导览控件可在所选的素材或项目中移动，用修整栏和飞梭栏可编辑素材。当将鼠标移动到按钮或对象上方时，将出现提示窗口，显示该条目的名称。图 2-48 中列出了这些播放控制按钮和功能按钮的名称，各按钮功能见表 2-3。

提示　捕获视频时导览面板会发生变化

　　在捕获视频时，设备控制按钮将取代导览面板。使用设备控制按钮，可以控制摄像机或其他连接的视频输入设备。

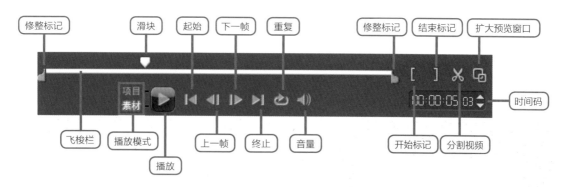

图 2-48　播放控制按钮和功能按钮

表 2-3　按钮的功能

按钮名称	功　能
修整标记	位于前方的标记表示修正后的视频起始点，位于末尾的标记表示修正后视频的终止点
飞梭栏	在飞梭栏上拖动滑块，可以浏览素材。当前位置的内容会显示在预览窗口中
播放模式	点击显亮【项目】，可以预览包括覆叠轨、音频、转场、滤镜等内容的整个项目；单击选中【素材】，则仅预览所选择的素材内容
播放	单击按钮可以播放当前的整个项目或者选中的素材。在影片播放过程中，在此单击"▐▐"按钮，可以暂停播放
起始	返回到项目、素材或所选区域的起始点
上一帧	移动到项目、素材或所选区域的上一帧
下一帧	移动到项目、素材或所选区域当前点的下一帧
终止	移动到项目、素材或所选区域的终止点
重复	循环播放项目、素材或所选区域，直到按下▐▐停止键
音量	单击按钮，在弹出的音量调节框中拖动滑块，可以调整素材的音量
时间码	通过指定确切的时间码，可以直接调到项目或所选素材的特定位置
分割视频	将所选的素材剪切为两段。将飞梭栏定位到需要分割的位置，然后单击此按钮即可
扩大预览窗口	单击按钮，可以在较大的窗口中预览项目或素材
开始标记 / 结束标记	用于设置素材的起始和终止点

2.9　素材和项目播放

在会声会影中，素材是指素材库或者添加到时间轴上的视频、图像和音频等元素，而项目则是指视频编辑轨道上的所有内容，包括：视频轨、转场效果、覆叠轨道、标题（字幕）轨道音乐和滤镜等综合效果的影片。在影片编辑过程中，常常需要播放素材和项目，查看效果。下面介绍播放素材和项目的方法。

2.9.1 播放素材库中的素材

在素材库中，单击鼠标选中一个素材略图，此时播放模式默认为素材播放，此时"素材"素材为显亮状态，表示播放的是素材，然后点击预览窗口下方的"▶"按钮可以查看素材，如图2-49所示。

图 2-49　选择并播放素材

2.9.2 播放编辑轨道上的素材

编辑轨道的视图模式，可以设置成故事板视图和时间轴视图模式，无论处于何种模式下只要单击各个素材，随后即可按下预览窗口中的播放按钮以播放该素材，如图2-50所示。时间轴视图下素材类型可以包括视频、音乐、照片、转场、对象、Flash动画、标题等等。而故事板模式，只能选择视频素材、图像素材或者转场素材，不能选择声音素材和覆叠素材。

图 2-50　在故事板或时间轴中播放素材

1. 播放时间轴上的素材

单击▦按钮切换到故事板视图，然后将素材库或者资源管理器中的素材以拖曳的方式添加到故事板中，如图2-51所示。在故事板上单击鼠标选中想要播放的素材缩略图，然后按下键盘的空格键或者点击预览窗口下方的播放按钮播放以查看所选择的素材的效果。

图 2-51　在故事板中添加素材

2. 播放时间轴上的素材

单击 ▦ 按钮切换到时间轴视图，单击鼠标选中需要播放的素材，如图 2-52 所示。单击预览窗口下方的 素材 按钮查看素材的效果。需要注意的是，在这里【播放】按钮左侧显示为"素材"。

图 2-52　以时间轴模式显示并播放素材

2.9.3　播放项目文件

无论在故事板模式下还是时间轴模式下，都可以直接播放项目，查看经过编辑的影片内容。

单击播放按钮左侧的"项目"，使之变成显亮状态，切换到项目播放模式。按下键盘上的空格键或预览窗口下方的播放按钮开始播放项目。拖动预览窗口下方的滑块不仅可以快速浏览影片编辑后的效果，而且滑块可以定位播放项目的初始位置，松开滑块后，点击播放按钮，播放项目可以从滑块的位置进行项目播放，如图 2-53 所示。

图 2-53　播放项目

2.9.4　播放指定区间的项目

在编辑影片时，常常需要查看局部内容的效果，提高工作效率。下面介绍播放指定区间项目的方法。

操作步骤

01 单击【播放】按钮左侧的"项目"，切换到项目播放模式。

02 拖动飞梭栏上左侧的修整滑块"▮"，确定需要播放的区域的起始位置，同理，拖动右侧修正滑块"▮"以确定终止位置。

03 这时时间轴上方将显示一条橙色的线条，与飞梭栏上白色的区间对应，表示当前设置的播放区域，如图 2-54 所示。

图 2-54　设置播放的区域

04 按下键盘的空格键或单击预览窗口下方的"▶"按钮,程序将播放所指定的区间中的影片。

2.10　编辑轨道的使用

编辑轨道用于各种媒体文件的剪辑、合成,是最主要的制作界面,如图 2-55 所示。会声会影默认布局中,三个区域中,编辑轨道所占的空间最大,因为它涵盖了最多的功能。

图 2-55　编辑轨道

2.10.1　功能按钮

在编辑轨道上，内置有很多功能按钮，如图 2-56 所示。这些按钮主要用于控制时间轴上的素材的显示比例、添加素材、撤销或重复操作以及进行一些相关的属性设置。下面，先详细介绍这些功能按钮的名称和功能，见表 2-4。

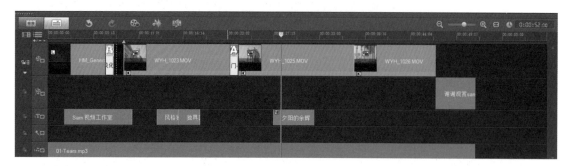

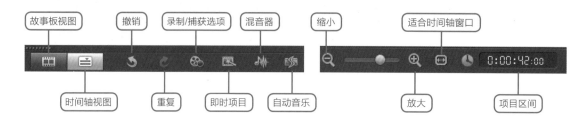

图 2-56　编辑轨道的功能按钮

表 2-4　编辑轨道功能按钮的功能

按　钮	功　能
故事板视图	单击按钮切换到故事板视图模式，可以以略图方式查看素材
时间轴视图	单击按钮切换到时间轴视图模式，可以准确地显示出事件发生的时间和位置，还可以粗略浏览不同媒体素材的内容
撤销和重复	单击【撤销】按钮可以撤销已经执行的操作，单击【重复】按钮则可以重复被撤销的操作
录制／捕获选项	单击按钮将弹出一个【录制／捕获选项】窗口，单击相应的按钮，可以完成捕获快照、录制画外音、捕获视频、DV 快速扫描，或者从数字媒体、移动设备中捕获素材
即时项目	即时项目是会声会影 X5 的新增功能，单击按钮可以即时调用【简易编辑】模块为影片应用模板，并将完成后的影片作为项目插入到当前位置
混音器	单击按钮，通过混音面板可以实时地调整项目中音频轨的音量，也可以调整音频轨中特定点的音量
缩小和放大	单击相应的按钮，可以使时间轴上的素材缩小或者放大显示
适合时间轴窗口	单击按钮，可以使当前项目中的所有素材以适合时间轴窗口大小的比例显示
0:00:42:00 项目区间	显示当前正在编辑的整部影片的时间长度

2.10.2 改变时间轴上素材的显示方式

在时间轴视图模式下，可以根据需要选择视频素材在时间轴视图模式上的显示方式，可选方案包括：文件名、略图、略图及文件名。

操作步骤

01 选择【设置】/【参数选择】命令或者按快捷键 F6，如图 2-57 所示。

图 2-57 选择【参数选择】命令或者按快捷键 F6

02 在弹出的【参数选择】对话框中选择【常规】选项卡，然后单击【素材显示模式】右侧的三角按钮，从下拉列表中选择要使用的素材显示模式，如图 2-58 所示，素材显示模式分别为仅略图、仅文件名、略图和文件名三种，下面分别介绍。

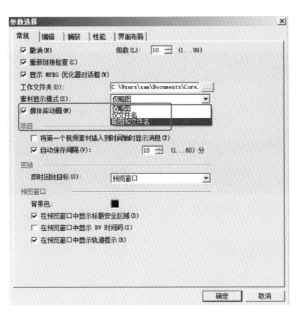

图 2-58 选择素材显示模式

1. 仅略图

素材在时间轴上显示出各帧的画面效果，对影片进行精确到帧的编辑，如图 2-59 所示。

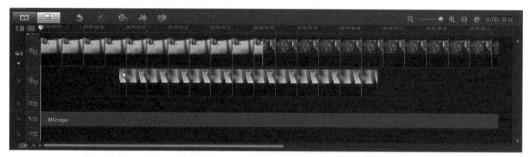

图 2-59　仅略图显示模式

2. 仅文件名

如果要素材在时间轴上由其文件名来表示，则选择仅文件名，如图 2-60 所示。

图 2-60　仅文件名显示模式

3. 略图和文件名

选择略图和文件名可以使素材由其对应的略图和文件名来表示，这是会声会影默认的素材显示方式，如图 2-61 所示。

图 2-61　略图和文件名显示模式

2.10.3　调整素材的显示比例

在编辑影片时，常常需要调整时间轴的显示比例，以便查看影片中素材的整体效果或者对某个素材进行准确地调整。会声会影时间轴上方有一个缩放控制滑块，可以更快地查看各个视频元素。缩放控制滑杆的使用方法如下。

1. 缩小比例

单击 🔍 按钮，将缩小时间轴上的略图显示，可同时观察更多的素材内容，如图 2-62 所示。

图 2-62 缩小时间轴上的略图显示

2. 放大比例

单击 🔍 按钮，放大时间轴上的略图显示，可细致地查看素材的细节，如图 2-63 所示。

图 2-63 放大时间轴上的略图显示

3. 使用缩放滑块快速放大或缩小比例

为更加快速放大或缩小比例，可以左右拖动滑块，快速调整时间轴上的略图缩放。向左拖动滑块缩小时间轴上的略图，向右拖动滑块放大时间轴上的略图，如图 2-64 所示。

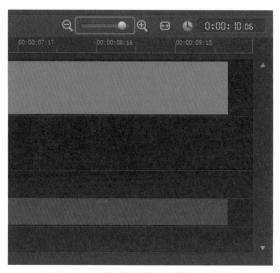

图 2-64 拖动滑块以调整窗口比例

3. 适合时间轴窗口

如需将项目调整到时间轴窗口大小。可单击""按钮，项目中的所有素材将自动调整，并适合时间轴窗口大小，如图 2-65 所示。

图 2-65　单击"　"按钮自动调整并适合时间轴窗口大小

2.10.4　撤消和重复操作

在编辑影片时，常常因为尝试性的操作而出现失误或者未能得到理想的效果，此时需要撤消上一步执行的操作，而不必在每次出现错误时都从头再来。如果希望还原被撤消的操作，则可以使用重复功能。下面，介绍撤消和重复操作的方法。

1. 撤消操作

执行某项操作后，可以用以下的方法之一撤消刚刚执行过的操作。

1) 单击时间轴上方的　按钮；

2) 选择【编辑】/【撤消】命令；

3) 按快捷键 Ctrl+Z；

4) 多次按快捷键 Ctrl+Z，可以撤消执行过的多步操作。

2. 重复操作

如果希望还原被撤消的操作，则可以使用以下的方法之一。

1) 单击时间轴上方的　按钮；

2) 选择【编辑】/【重复】命令；

3) 按快捷键 Ctrl+Y；

4) 多次按快捷键 Ctrl+Y，可以重复被撤消过的多步操作。

2.11　提高工作效率的独特功能

会声会影 X5 为视频剪辑提供了一些高效率的便捷功能，其中，最重要的是智能代理和成批转换功能，下面，详细介绍它们的使用方法。

2.11.1　智能代理高清影片

在会声会影中编辑高清影片时，由于影片的分辨率很高，720P 的标准分辨率为 1280×720，1080P 的标准分辨率为 1440×1080。在编辑过程中，数据传输量都非常大，容易出现编辑及播放不流畅的问题。如果使用会声会影的智能代理功能，可以在捕获和编辑高质量视频文件时，自动产生低分辨率的代理文件用于编辑。在完成剪辑后，会声会影会将所有剪辑效果应用到原始的高画质影片上，大幅度降低编辑过程中计算机的资源占用率，提高剪辑效率，设置智能代理的方法如下：

01 从【设置】菜单选择【智能代理管理器】/【设置】命令，如图 2-66 所示。

图 2-66 选择【智能代理管理器】/【设置】命令

02 在弹出的对话框中选中【启用智能代理】选项，如图 2-67 所示。

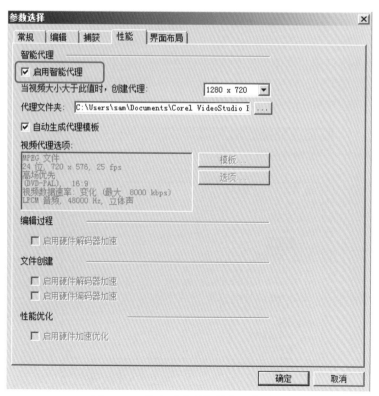

图 2-67 选中【启用智能代理】选项

03 设置智能代理启用的条件：在【当视频大小大于此值时，创建代理】下拉列表中指定启用智能代理的条件。例如图中选择 720×576，表示视频素材的尺寸超过 720×576 时，启用智能代理功能，如图 2-68 所示。

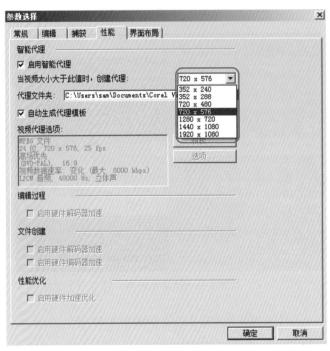

图 2-68　指定启用智能代理功能

04 改变代理文件默认位置：单击【代理文件夹】右侧的"⋯⋯"按钮，在弹出的对话框中指定代理文件的存储路径，如图 2-69 所示。建议将代理文件的路径指定到专用的视频编辑硬盘或 C 盘之外有足够剩余空间的磁盘分区中。设置完成后，单击"确定"按钮。

图 2-69　指定【代理文件夹】的存储路径

05 设置完成后，当视频轨上添加尺寸大于预设的尺寸（720×576）时，会声会影会在后台自动启用智能代理功能。可以按下述方法查看创建代理文件的进度，在菜单栏上点击【设置】并依次选择【智能代理管理器】/【智能代理队列管理器】命令，在弹出的对话框中可以看到已经创建完成以及当前正在创建的代理文件，所有代理文件创建完成后，进度条将消失，如图 2-70 所示。

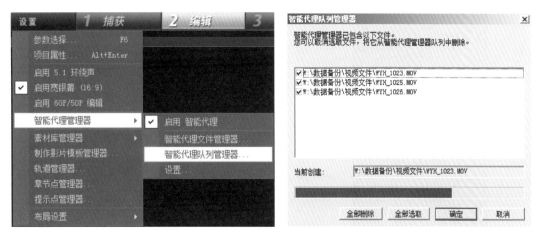

图 2-70　查看智能代理文件的创建

> **提示　查看编辑的视频文件是否为智能代理文件**
>
> 　　为素材创建智能代理后，在编辑轨道的略图上将显示 "▦" 标记，如图 2-71 所示。将高清素材添加到故事板上以后，需要一段时间创建代理文件，如果 "▦" 标记还没有出现在素材上，暂时不要对素材进行编辑。如果在此时进行编辑操作，会出现 "卡" 的现象。等到代理文件创建完成后，再进行编辑工作。

图 2-71　智能代理创建完成后，略图上将显示 "▦" 标记

2.11.2　成批转换文件格式

　　成批转换用于将多个格式相同或不同的视频文件一次性的成批转换为同一种指定的视频格式，它的使用方法如下。

操作步骤

01 选择【文件】/【成批转换】命令，打开【成批转换】对话框，如图 2-72 所示，在图中点击 " 添加(A)... " 按钮打开新窗口选择文件。

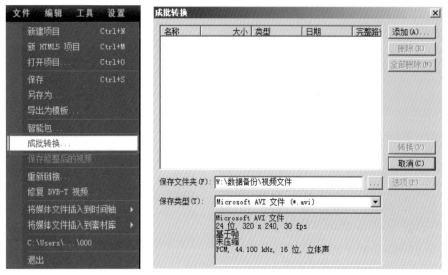

图 2-72　打开【成批转换】对话框

02 在弹出的对话框中选中浏览计算机文件，并选择多个视频文件，如图 2-73 所示。

图 2-73　选中所有要转换格式的素材

03 单击图 2-73 中 " 打开(0) " 按钮, 将选中的文件添加到转换列表中, 如图 2-74 所示。

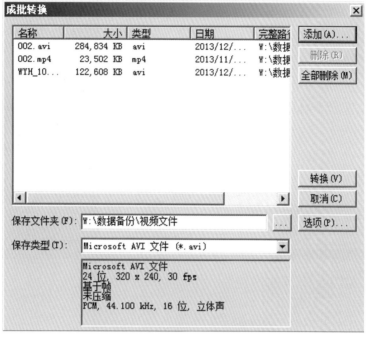

图 2-74 素材被添加到转换列表中

05 单击【保存文件夹】右侧的 " ... " 按钮, 在弹出的对话框中指定转换后的文件的保存路径。设置完成后, 单击 " 确定 " 按钮, 如图 2-75 所示。

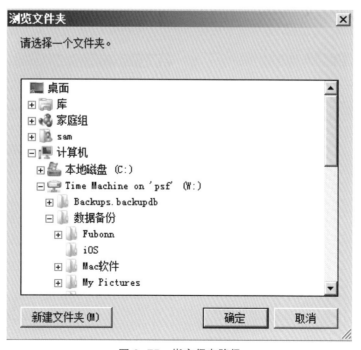

图 2-75 指定保存路径

06 单击【保存类型】右侧的三角按钮，从下拉列表中选择转换后的视频格式，如图 2-76 所示。

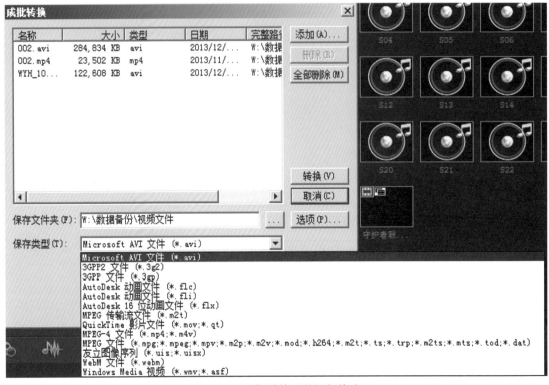

图 2-76　选择转换后的视频格式

07 单击 "选项(P)..." 按钮，在弹出的对话框中指定所选择的视频文件的属性，如图 2-77 所示。根据选择的转换格式，可以指定转换文件的详细参数。比如帧大小、帧速率、压缩率等。

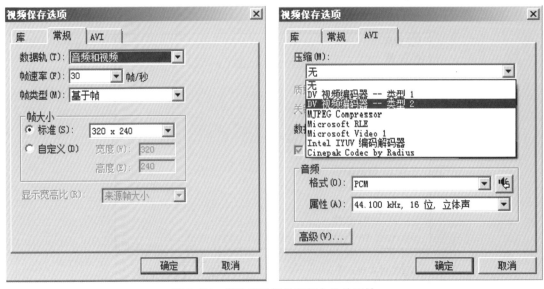

图 2-77　指定所选择的视频文件的属性

08 设置完成后，单击" 确定 "按钮，然后单击如图 2-74 中的" 转换(V) "按钮，开始按照指定的文件格式转换视频，如图 2-78 所示。

图 2-78 正在转换文件格式

09 转换完成后，在图 2-79 所示信息提示窗口中显示任务报告，单击" 确定 "按钮，所有视频文件将被转换为新的文件格式，并保存在指定的文件夹中。

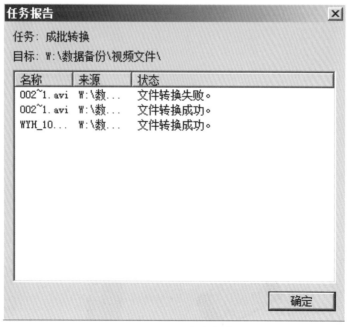

图 2-79 显示任务报告

03

捕获视频素材

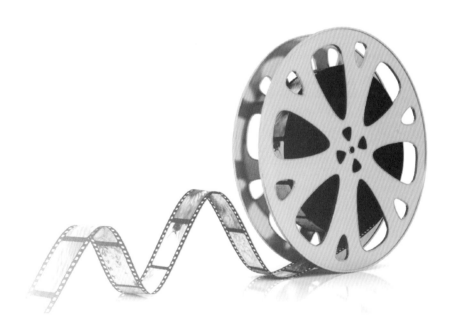

3.1 认识【捕获】选项面板

【捕获】通常是影片编辑的第一步操作，单击步骤面板上的 ![1 捕获] 按钮，直接将视频源中的影片素材传输到计算机中。【捕获】步骤的选项面板上包括图 3-1 所示的几项功能，功能介绍见表 3-1。

图 3-1 【捕获】步骤的选项面板

表 3-1 【捕获】选项面板功能介绍

功　能	功能介绍
捕获视频	用于捕获来自 DV、HDV、摄像头以及电视的视频。对于各种不同类型的视频来源来说，捕获步骤类似。不同的是，每种类型来源的捕获视频选项面板中可用的捕获设置是不同的
DV 快速扫描	用于扫描 DV 设备，查找要捕获的场景
从数字媒体导入	用于从 DVD 光盘、AVCHD 硬盘摄像机、蓝光光盘导入媒体文件
从移动设备导入	用于从基于 Windows Mobile 的智能手机、PocketPC/PDA、iPod 和 PSP 等移动设备中导入媒体文件
定格动画	使用从照片和视频捕获设备中捕获的图像制作即时定格动画

3.2 从 DV 捕获视频

在【捕获】步骤中，可以从 DV、HDV（高清摄像机），模拟摄像机等视频源捕获视频，首先，介绍从 DV 捕获视频的方法。

3.2.1 捕获视频前应该注意的问题

捕获视频需要使用大量的系统资源，在捕获视频之前正确地设置计算机，才能够确保成功地捕获到高质量的视频素材。在视频捕获之前，注意以下一些事项会更好地完成视频捕获工作。

❖ 除了 Windows 资源管理器和会声会影以外，尽量关闭所有正在运行的程序。此外，还要关闭屏幕保护程序，以免捕获发生中断。

❖ 如果当前系统包括两个磁盘分区或者两个硬盘，建议将会声会影安装在系统盘（通常是 C 盘），而将捕获的视频保存在另一个磁盘分区（通常是 D 盘）或者另一块硬盘上。

❖ 对于视频编辑工作，由于需要传输大量的数据，建议使用 7200 转速的高速硬盘并保持 30GB 可用磁盘空间，以免出现丢帧或磁盘空间不足的情况。

3.2.2 指定大容量的工作文件夹

在使用会声会影捕获视频之前，还需要根据硬盘的剩余空间正确设置工作文件夹和预览文件夹。工作文件夹用于保存编辑完成的项目和捕获的视频素材。会声会影默认的工作文件夹为 C:\Documents and Settings\（用户名）\My Documents\Corel VideoStudio Pro\Corel VideoStudio Pro\14.0\，会声会影要求保持 30GB 可用磁盘空间，以免出现丢帧或磁盘空间不足的情况。如果 C 盘空间不够大，则可以将工作文件夹指定到另一个磁盘分区或者另一块硬盘上。

操作步骤

01 在会声会影 X5 的操作界面上选择【设置】/【参数选择】命令，或者按快捷键 F6 打开【参数选择】对话框，如图 3-2 所示。

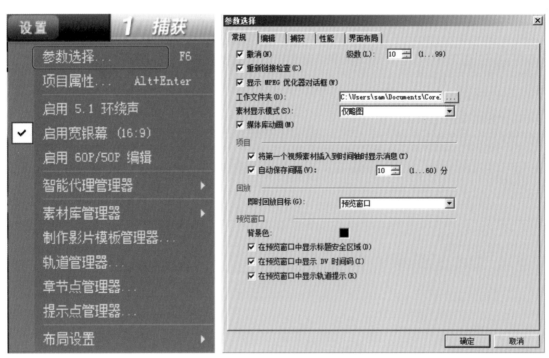

图 3-2 打开【参数选择】对话框

02 选择【常规】选项卡，单击【工作文件夹】右侧的 ... 按钮，在弹出的对话框中选择一个新的磁盘分区，然后单击【新建文件夹】按钮，创建一个新的工作文件夹，并指定文件夹名称，如图 3-3 所示。

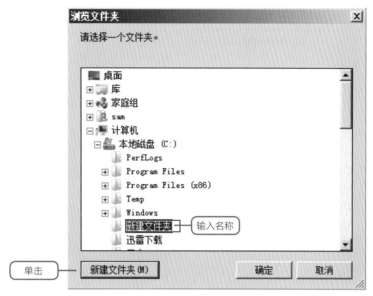

图 3-3 指定工作文件夹

03 设置完成后，单击 确定 按钮。

3.2.3 将 DV 与计算机连接

要将 DV 拍摄的影片传输到计算机中，首先，必须通过 IEEE1394 卡和 IEEE1394 线将摄像机与计算机连接。

操作步骤

01 在计算机中正确安装 IEEE1394 卡。

02 将 IEEE1394 连接线 4 芯的一端连接摄像机，6 芯的一端连接 IEEE1394 卡。

03 将摄像机切换到播放模式，完成设备连接。

3.2.4 捕获视频选项面板

将 DV 与计算机正确连接后，单击选项面板上的 捕获视频 按钮，进入捕获界面，如图 3-4 所示。

图 3-4 进入捕获界面

○○○○提示　返回上一级界面

在捕获界面中，单击选项面板右上角的【✕】按钮，可以返回上一级界面。

下面，介绍从 DV 捕获视频时，选项面板上各项参数的功能和使用方法。

1. 区间

指定要捕获的素材的长度。这里的几组数字分别对应小时、分钟、秒和帧。在需要调整的数字上单击鼠标，当其处于闪烁状态时，输入新的数字或者单击右侧的三角按钮来增加或减少所设置的时间。在捕获视频时，【区间】中同步显示当前已经捕获的视频的时间长度。也可以在【区间】中预先指定数值，捕获指定时间长度的视频。

○○○○提示　"帧"调整的上限

对于 PAL 制 VCD 而言，帧速率为 25 帧 / 秒，因此，在 "帧" 一位上所能设置的最大数值为 24 帧。

2. 来源

显示检测到的视频捕获设备，也就是显示所连接的摄像机的名称和类型。

3. 格式

选取用于保存捕获视频的文件格式。在会声会影 X5 中，从 DV 摄像机捕获视频时，可以选择高质量的 DV 格式或者 DVD 格式，如图 3-5 所示。

图 3-5　选择要捕获的视频格式

4. 捕获文件夹

单击右侧的【📁】按钮，在弹出的对话框中指定保存捕获的文件。建议将捕获文件夹设置到 C 盘以外有足够剩余空间的磁盘分区。

5. 捕获到素材库

选中该选项，将在捕获视频后，在素材库中添加一个当前捕获的素材的略图链接，以备今后快速存取。单击右侧的三角按钮，从图 3-6 所示的下拉列表中可以选择存放素材的文件夹。在素材库创建自定义文件夹的方法，请参照本书其他章节介绍的相关内容。

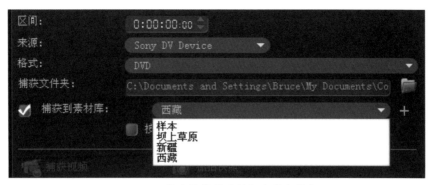

图 3-6 指定捕获的素材保存的文件夹

6. 按场景分割

在拍摄影片时，会在同一盘录像带上拍摄多个视频片断，在编辑视频时，常常需要分割这些片断以便为它们加上转场效果或者标题。选中【按场景分割】选项，根据录制的日期、时间以及录像带上任何较大的动作变化、相机移动以及亮度变化，自动将视频文件分割成单独的素材，并将它们当作不同的素材插入项目中。

7. 选项

单击 [选项] 按钮，在弹出的图 3-7 所示的下拉菜单中可以打开与捕获驱动程序相关的对话框。

图 3-7 【选项】下拉菜单

❖ 捕获选项：选择【捕获选项】命令，在图 3-8 所示的对话框中可以将捕获的视频插入到时间轴，将视频的日期信息添加为标题。

图 3-8 【捕获选项】对话框

❖ 视频属性：如果将视频捕获格式设置为【DV】，选择【视频属性】命令，在弹出的图 3-9 所示的对话框中可以选择 DV 类型 -1 或者 DV 类型 -2。如果将视频捕获格式设置为【DVD】，选择【视频属性】命令，在弹出的图 3-9 所示的对话框中可以选择不同类型的 DVD 配置文件。

图 3-9　设置视频属性

提示　DV type-1 和 DV type-2

通过 FireWire（IEEE 1394 捕获卡）捕获的 DV 视频被自动保存为 AVI 文件，在这种 AVI 中包含两种数据流：视频和音频。而 DV 是本身就包含视频和音频的数据流。

在 type-1 的 AVI 中，整个 DV 流未经修改地保存在 AVI 文件的一个流中；而在 type-2 的 AVI 中，DV 流被分割成单独的视频和音频数据，保存在 AVI 文件的两个流中。type-1 的优点是 DV 数据无需进行处理，保存为与原始相同的格式；type-2 的优点是可以与不是专门用于识别和处理 type-1 文件的视频软件相兼容。

---

8. 捕获视频

单击 捕获视频 按钮，从已安装的视频输入设备中捕获视频。

9. 抓拍快照

单击 抓拍快照 按钮，将视频输入设备中的将当前帧作为静态图像捕获到会声会影中。

10. 禁止音频预览

使用会声会影捕获 DV 视频时，可以通过与计算机相连的音响监听影片中录制的声音，此时 禁止音频预览 按钮处于可用状态。如果声音不连贯，可能是 DV 捕获期间在计算机上预览声音出现问题。这不会影响音频捕获的质量。如果出现这种情况，单击 禁止音频预览 按钮可以在捕获期间使音频静音。

3.2.5　提高工作效率的 DVD 影片制作流程

从 DV 捕获视频时，最常见的操作目的是把编辑完成的影片刻录输出为 DVD 光盘。使用会声会影从 DV 带捕获视频时，可以直接捕获为 DVD 格式，也可以捕获为 DV 格式。用 DV 格式捕获的视频会以 DV AVI 格式保存。它的视频尺寸是固定的 720×576，可以获得不压缩的最佳视频质量，不过，它占用的磁盘空间也非常大。如果有比较充裕的时间和硬盘空间，建议使用以下的操作流程。

01 在【捕获】步骤，将 DV 带中的视频捕获为 DV 格式的素材。

02 在【分享】步骤使用【创建视频文件】命令，将素材输出为 PAL DVD 格式的视频文件。

03 使用输出的 PAL DVD 格式的视频文件进行编辑加工。

04 制作完成后，保存项目文件，并在【分享】步骤使用【创建视频文件】命令，将素材输出为 PAL DVD 格式的最终影片。

05 在素材库中选中最终输出的视频文件，在【分享】步骤使用【创建光盘】功能，刻录输出最终的影片。

采用这样的操作流程可以获得最佳的视频质量，原因如下。

1. 捕获 DV 格式而不是 DVD 格式

在捕获视频时，将 DV 摄像机拍摄的影片直接捕获为 DVD 格式，在表现高速运动的画面上会出现明显的条纹。这是因为在将视频直接捕获为 DVD 格式时，程序在捕获的同时还进行了格式转换、尺寸变换和压缩，因此，如果计算机的配置不是足够高，运算速度和磁盘写入速度不是足够快，就很难获得最佳的视频质量。

当然，如果 DV 拍摄的运动画面很少，或者时间有限、磁盘空间有限，可以直接将视频捕获为 DVD 格式并进行影片编辑。

2. 将视频转换为 DVD 格式再进行编辑

如果直接用 DV AVI 的视频进行编辑，文件占用的磁盘空间、交换空间非常大，极大地影响工作效率，因此，捕获完成后，先转换为 DVD 格式的素材。在这个过程中，由于程序只执行转换操作，因此，不会太大地影响视频质量。转换完成后，使用 DVD 格式的素材进行编辑，能够提高计算机运行的效率。

3. 在刻录之前先渲染并输出最终影片

在刻录之前先渲染并输出最终影片有两个理由，第一，可以在刻录到光盘之前在最终的视频文件上预览整个影片的效果。这样，即使是最终的光盘效果出了问题，也能够判断是影片制作过程的问题还是光盘写入过程的问题，以便于有针对性地解决。第二，如果直接用项目文件渲染和刻录光盘，这个过程耗时很长，一旦出现渲染错误，整个过程需要重新来过。先渲染并输出最终的影片，把这个过程分成了两部分：渲染和刻录。因此，即使刻录出现问题，也可以在很短的时间重新刻录新的光盘。

3.2.6 从 DV 捕获视频

了解了以上所介绍的预备知识，想要从 DV 捕获视频，可以按照以下的步骤操作。

操作步骤

01 将 DV 与计算机正确连接，并将摄像机切换到播放模式。

02 在步骤面板上单击 **1 捕获** 按钮，进入捕获步骤。

03 单击 **捕获视频** 按钮，显示视频捕获的选项面板，如图 3-10 所示。

图 3-10　显示视频捕获的选项面板

04 单击【捕获文件夹】右侧的 📁 按钮，在弹出的对话框中指定捕获的视频文件在硬盘上的保存路径，如图 3-11 所示。建议将视频文件的保存路径指定到 C 盘之外有足够剩余空间的磁盘分区。

图 3-11　指定捕获的视频文件的保存路径

05 单击预览窗口下方的播放控制按钮，找到需要捕获的视频的开始位置，如图 3-12 所示。

图 3-12　定位需要捕获的视频的开始位置

06 单击 按钮，从当前位置捕获视频，这时，【捕获视频】按钮变为 ，如图 3-13 所示。

图 3-13 捕获视频按钮的状态发生变化

◑◑◑提示

在捕获 DV 视频时，按钮处于可用状态，通过与计算机相连的音响监听影片中录制的声音。如果声音不连贯，可能是 DV 捕获期间在计算机上预览声音出现问题。这不会影响音频捕获的质量。如果出现这种情况，单击【禁止音频播放】按钮可以在捕获期间使音频静音。

---

07 在预览窗口中查看当前捕获的视频内容，捕获到所需要的视频后，按 Esc 键或者单击 按钮，完成 DV 视频捕获。

08 重复步骤 5~7，捕获 DV 带上其他视频素材，捕获到的视频片断显示在【编辑】步骤的故事板中，如图 3-14 所示。

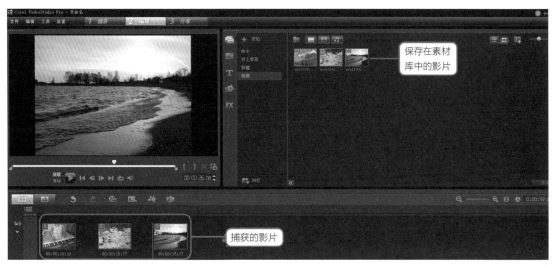

图 3-14 捕获到的视频片断显示在故事板中

3.2.7 校正 DV 带的时间码

使用【按场景分割】功能，可以根据录制的日期、时间以及录像带上任何较大的动作变化、相机移动以及亮度变化，自动将视频文件分割成单独的素材。并将它们当作不同的素材插入项目中。这样在编辑视频时，可方便地为它们加上转场效果或者标题。

在使用会声会影的按场景分割功能时，有时会遇到 DV 带不能自动按场景分割的情况，这是因为所使用的 DV 带的时间码不连续而导致的。

新的 DV 带的时间编码是从 00:00 到 01:00:00，整个时间码是连续的。保持 DV 带的时间码连续对于影片编辑非常重要。要获得更好的 DV 快速扫描和摄像机设备控制的性能，在拍摄影片之前以"格式化"DV 带的方式校正 DV 带上的时间码是必须的。这里的"格式化"的意思是从头到尾不间断地录制"空白的"视频，专业的摄影人员常用这种方法来处理曾经使用过的 DV 带。

操作步骤

01 将 DV 带倒到起始端，并将拍摄模式设置为标准模式（SP）。

02 切换到 Camera（摄像）挡，在盖住镜头盖的状态下按下录制键，不间断地录制空白视频。

03 整盘 DV 带录制完毕后，关闭 DV 摄像机，然后将 DV 带倒到起始端。这样，在拍摄影片时才能够获得正确的时间码。

除了"格式化"DV 带，在拍摄视频时也要注意以下两点，才能确保时间码连续。

❖ 一段视频拍摄完成后，尽量不要进行倒带、进带、回放操作，以避免录制下一段时时间码混乱。

❖ 如果进行了倒带、进带或回放操作，在录制下一段影片之前，一定要使用摄像机的 End Search（自动寻尾）功能自动查找上一段影片的结束位置，而不要使用手工倒带、进带的方式确定上一段影片的结束位置。

> **提示 自动寻尾功能**
>
> 不同品牌和型号的摄像机的 End Search（自动寻尾）功能键的位置和使用方法有所不同，请参考摄像机的操作手册掌握 End Search 功能的操作方法。

3.2.8 捕获视频时按场景分割

按照操作规范正确校正 DV 带的时间码并拍摄影片后，如果需要使用场景分割功能，可以按照以下的步骤操作。

操作步骤

01 单击步骤面板上的 **1 捕获** 按钮，进入【捕获】步骤。

02 单击【捕获视频】按钮，显示视频捕获选项面板。

03 在选项面板上将格式设置为【DV】，选中【按场景分割】选项，如图 3-15 所示。

图 3-15 选中【按场景分割】选项

04 单击 捕获视频 按钮，程序将自动根据录制的日期和时间查找场景，并将它们分割成单独的视频文件。

3.2.9 捕获指定时间长度的视频

使用会声会影可以指定要捕获的时间长度的视频内容，例如，将捕获时间设置为 2 分 20 秒，捕获到 2 分 20 秒的内容后，程序自动停止捕获。如果希望程序自动捕获一个指定时间长度的视频内容，可以按照以下的步骤操作。

操作步骤

01 单击步骤面板上的 1 捕获 按钮进入【捕获】步骤。再单击 捕获视频 按钮，显示视频捕获选项面板。

02 单击导览面板上的播放控制按钮，使预览窗口中显示需要捕获的起始位置。

03 在【区间】中输入数值，指定需要捕获的视频的长度。区间框中的数值分别代表小时、分钟、秒和帧。在需要调整的数字上单击鼠标，当其处于闪烁状态时，输入新的数字或者单击右侧的三角按钮可以增加或减少所设定的时间。例如，将捕获时间设置为 2 分 20 秒 0:02:20:00，如图 3-16 所示。

图 3-16 设置捕获的时间长度

04 设置完成后，单击选项面板上的 ![捕获视频] 按钮开始捕获。在捕获的过程中，捕获区间的时间框中显示已经捕获的视频时间。当捕获到指定的时间长度后，程序自动停止捕获，被捕获的视频素材出现在【编辑】步骤的故事板上。

3.2.10　从 DV 带中抓拍快照

在会声会影中，也可以从视频中截取单帧的画面，并保存到硬盘上。它的操作方法如下。

操作步骤

01 将 DV 与计算机正确连接，并将摄像机切换到播放模式。

02 单击步骤面板上的 ![1 捕获]，进入捕获步骤。再单击 ![捕获视频] 按钮，显示视频捕获的选项面板。

03 单击预览窗口下方的播放控制按钮，找到需要从视频中抓拍快照的画面位置，如图 3-17 所示。

图 3-17　定位需要抓拍快照的位置

04 单击 ![抓拍快照] 按钮，程序就会从影片中抓拍快照。如果在选项面板上选中了 ![✓ 捕获到素材库] 选项，捕获的画面会以图像文件的形式保存在素材库中。

3.3　从高清摄像机捕获视频

高清摄像机可以录制高质量、高清晰的 HD（高清）电影，拍摄的画面可以达到逐行扫描方式 720 线（也就是 720P，分辨率为 1280×720）或者隔行扫描方式 1080 线（也就是 1080i，分辨率 1440×1080），高像素加上更接近于人类视野的 16：9 图像比例，可使人们享受高分辨率的清晰影像。

会声会影 X5 全面支持各种类型的高清摄像机，包括磁带式高清摄像机、AVCHD、MOD、M2TS、MTS 等多种文件格式的硬盘高清摄像机。由于高清摄像机可以使用 HDV 和 DV 两种模式拍摄和传输视频，因此，捕获高清视频之前，需要按照下面的方法正确设置和连接高清摄像机。

3.3.1　将高清摄像机与计算机连接

高清摄像机可以使用 HDV 和 DV 两种模式拍摄和传输视频。要传输真正的高清视频，需要先对摄像机进行设置。

1. 切换到 HDV 模式

首先要保证视频是采用 HDV 模式拍摄，在连线之前还要确保 HDV 摄像机被切换到 HDV 模式。

操作步骤

01 打开 LCD 屏幕，按屏幕右下方的 P-MENU，显示菜单界面，如图 3-18 所示。

图 3-18 按屏幕右下方的 P-MENU 显示菜单界面

> ◐◑◒◓提示　请参考摄像机的使用说明书
>
> 不同型号的摄像机的菜单和操作方法有所不同，这里以 Sony HC3 为例进行介绍，其他型号的摄像机的操作方法，请参考摄像机的使用说明书。

02 在菜单中选择【基本设定】/【VCR HDV/DV】，如图 3-19 所示。

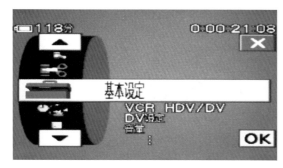

图 3-19　选择【VCRHDV/DV】

03 按下"HDV"按钮，完成设置，如图 3-20 所示。正确设置后，打开 LCD 屏幕，可以看到 HDV out i.Link 显示在屏幕上。

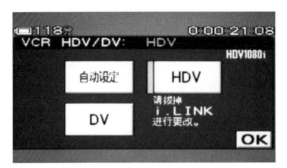

图 3-20　将摄像机切换到 HDV 模式

2. 设置 I.link 转换器

设置 I.link 转换器的目的是使高清视频能够正确地通过 IEEE1394 线传输到计算机中。

操作步骤

01 打开 LCD 屏幕，按屏幕右下方的 P-MENU，显示菜单界面，如图 3-18 所示。

02 在菜单中选择【基本设定】/【I.link 转换】，如图 3-21 所示。

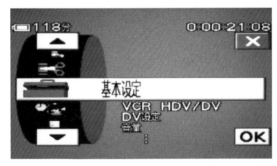

图 3-21　选择【I.link 转换】

03 按下 "关" 按钮，关闭 HDV → DV 的转换，如图 3-22 所示。

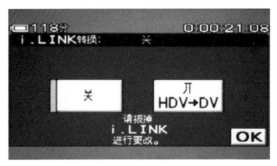

图 3-22　关闭 HDV → DV 的转换

设置完成后，取出 IEEE1394 线，一端连接高清摄像机的 IEEE1394 接口，一端连接到计算机上 IEEE1394 卡的接口，如图 3-23 所示。

图 3-23　连接高清摄像机

3.3.2　从高清摄像机捕获视频的方法

设置完成后，就可以按照以下的步骤从 HDV 摄像机捕获视频。

操作步骤

01 用 IEEE 1394 连接线将 HDV 摄像机连接到计算机的 IEEE 1394 端口。然后打开摄像机的电源并切换到播放 / 编辑模式。

02 单击步骤面板上的 1 捕获 ，进入捕获步骤。再单击 捕获视频 按钮，显示视频捕获的选项面板。会声会影能够自动检测到 Sony HDV 摄像机，正确检测后，【来源】应该显示高清摄像机的型号，如图 3-24 所示。

> **提示　捕获高清视频的格式**
>
> 从高清摄像机采集视频时，在【格式】中只能选择【MPEG】选项。

图 3-24　【来源】中显示高清摄像机的型号

03 使用预览窗口下方的播放控制按钮，使预览窗口中显示需要捕获的起始位置，如图 3-25 所示。

图 3-25　找到需要捕获的起始位置

04 单击选项面板上的 捕获视频 按钮，从当前位置捕获视频，同时在预览窗口中显示当前捕获的进度。捕获到所需的内容后，单击 停止捕获 按钮。

04

灵活运用影片剪辑功能

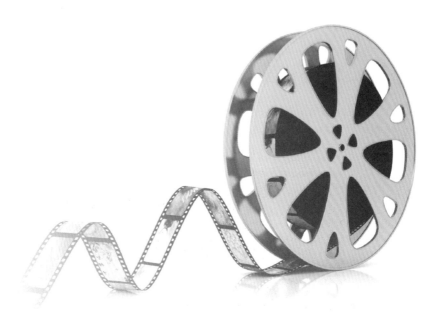

4.1 影片剪辑简介

在会声会影 X5 主界面中，点击步骤面板上的"**2 编辑**"按钮即可进入【编辑】步骤。在这里可以完成剪辑影片、添加特效和转场、应用滤镜、为影片配音配乐等核心操作。使用会声会影 X5 的影片剪辑功能可以整理、编辑和修整项目中使用的视频素材。

图 4-1　点击"**2 编辑**"进入视频编辑

4.2 各编辑轨道功能

会声会影在时间轴视图模式下的编辑轨道默认分为 5 个轨道，如图 4-2 所示，从上到下依次顺序分别为视频轨、覆叠轨、标题轨、声音轨、音乐轨，下面分别介绍各个轨道的功能，见表 4-1。

图 4-2　编辑轨道的名称

表 4-1 编辑轨道的功能

轨 道	功 能
视频轨	编辑的主轨道,用于添加视频格式文件、图像、对象、Flash 动画等媒体文件。所有文件之间无缝链接,中间不能留空。需要留空时可以用单色图片填充,轨道上的媒体文件可以叠加滤镜
覆叠轨	也叫叠加轨,可以将该轨道上的内容叠加到视频轨道上,如果是普通视频或图像,可以形成画中画效果,如果添加的是带有 alphe 通道 png 格式或 Flash 格式的文件,可以做到加特效或给视频添加边框的效果,该轨道上的媒体文件可以叠加滤镜
标题轨	标题轨也叫字幕轨,主要用来给视频添加字幕特效。字幕可以是静止的也可以是运动的,甚至是带有特殊翻转放大缩小的运动效果,该轨道只能添加,字幕也可以叠加滤镜
声音轨	声音轨用于添加影片的配音及画外音,当然也可以添加音频文件,可以作为音乐轨使用
音乐轨	音乐轨用于添加影片的背景音乐,也可以作为声音轨使用

4.3 添加更多的编辑轨道

会声会影虽然默认为 5 轨编辑,但实际上会声会影支持 1 个视频、20 个覆叠轨、2 个标题轨、3 个音乐轨,1 个声音轨,默认情况下这些轨道是隐藏的,让其显示出来的方法如下。

01 点击菜单栏上的设置菜单,并选择"轨道编辑器"打开轨道编辑。

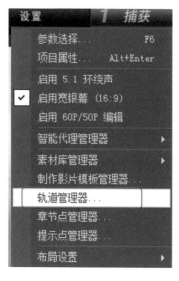

图 4-3 打开轨道编辑器

02 点击各个轨道右侧的"▮▮▮▮▼"按钮，并在下拉数字中进行选择，数字表示该轨道的数量，选择完后按下"确定"按钮，保存退出，随后时间轴上的轨道会增加，如图 4-4 所示。

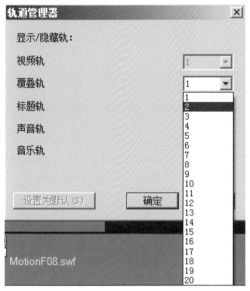

图 4-4　增加轨道数量

4.4　将素材添加到编辑轨上

　　想要剪辑影片，最基本的操作是添加新的素材。除了从摄像机直接捕获视频，还可以将保存到硬盘上的视频素材、图像素材、色彩素材或者 Flash 动画添加到项目文件中。

　　在会声会影中，有如下 3 种不同的方法可以将素材插入到视频轨上。

01 在素材库中选取素材，并将它拖曳到视频轨上。按住 Shift 或 Ctrl 键可以一次选取并添加多个素材。

02 从 Windows 资源管理器中选取一个或多个文件，然后将它们拖曳到视频轨上。

03 使用【插入视频、照片、音频、字幕】等方法将素材从文件夹直接添加到视频轨上。

　　下面介绍添加各种不同类型的素材到编辑轨道的方法。

4.4.1　从素材库添加视频和图像素材

　　想要把素材库中的文件添加到视频轨上，先把需要使用的素材添加到素材库中，然后按照以下的步骤操作。

操作步骤

01 单击步骤面板上的 2 编辑 按钮，进入【编辑】步骤，此时素材窗口左上方的媒体按钮为黄色显亮状态 "▦"，表示素材库中显示的内容为媒体素材，如图 4-5 所示。

图 4-5　打开素材库

[02] 在素材库中选中需要添加到影片中的视频素材，单击素材库上方的灰色"　　　"和"　　　"按钮（如果是的话），使之成为黄色的显亮状态，以在素材库中显示视频素材和图像素材，如图 4-6所示。

图 4-6　在素材库中显示视频素材和图像素材

[03] 选中一个素材，单击预览栏下方的【播放素材】按钮　　，可以在预览窗口中查看效果，如图 4-7 所示。

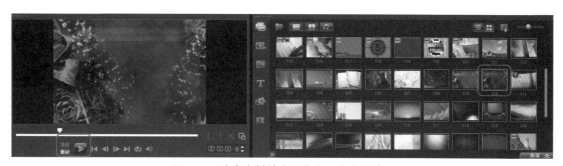

图 4-7　选中素材并在预览窗口中查看效果

04 如果要同时选中多个素材，按住 Ctrl 键单击素材略图将它们同时选中，如图 4-8 所示。

图 4-8　选中素材中多个素材

05 把选中的文件从素材库拖动到故事板或者视频轨上。释放鼠标，选中的素材添加到了影片中，如图 4-9 所示。

图 4-9　把选中的文件从素材库拖动到故事板上

4.4.2　从文件添加视频和图像素材

在大多数情况下，视频和图像素材都保存在硬盘或光盘上。如将这些素材直接添加到影片中（不添加到素材库），可以按照以下的步骤操作。

操作步骤

01 点击素材库左下角的“»”按钮打开导航面板（如果未打开时），如图 4-10 所示。

图 4-10　单击【»】按钮打开导航面板

02 单击导航面板下方的“浏览”按钮打开 Windows 资源管理器，如图 4-11 所示。

图 4-11　单击【浏览】按钮

03 在资源管理器中浏览照片视频的储存位置，建议以缩略图形式显示照片和视频素材，以便于查找，如图 4-12 所示。

图 4-12 在资源管理器中查看素材

04 在资源管理器中选中需要添加到影片中的一个或多个素材略图，保持资源管理器位于会声会影界面窗口的上方，按住并拖动鼠标，把选中的文件从资源管理器拖动到故事板或者视频轨上。释放鼠标，选中的素材就被添加到了影片中，如图 4-13 所示。

图 4-13 从资源管理器添加素材

4.4.3 添加色彩和图形素材

　　除了视频和图像素材，还可以添加色彩、对象、边框以及 Flash 动画素材，这些素材一般常用来作为叠加在视频上的特别效果使用，因此需要将它们添加到覆叠轨上。单击编辑轨左上角的时间轴按钮，将视图切换到时间轴模式，以显示出覆叠轨道，如图 4-14 所示。

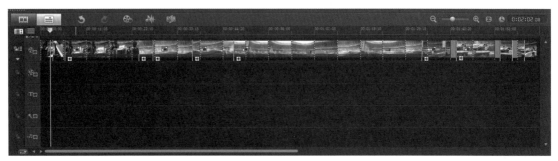

图 4-14　点击"⬚"切换到时间轴模式

　　点击素材库左侧的"⬚"按钮切换到【图形】素材库，在素材库下拉菜单中选中要添加的素材类别，如图 4-15 所示。

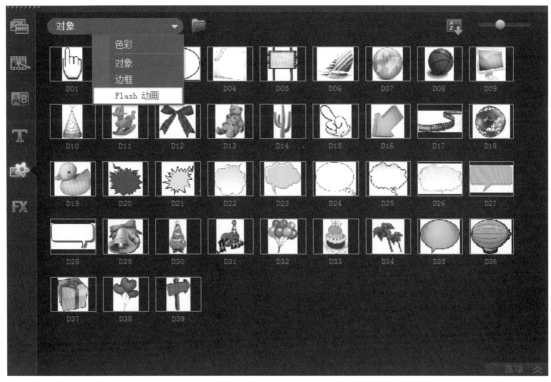

图 4-15　选择要添加的素材类别

然后选中要添加的素材略图，按住并拖动鼠标，把选中的素材拖动到覆叠轨道上，释放鼠标，如图 4-16 所示。

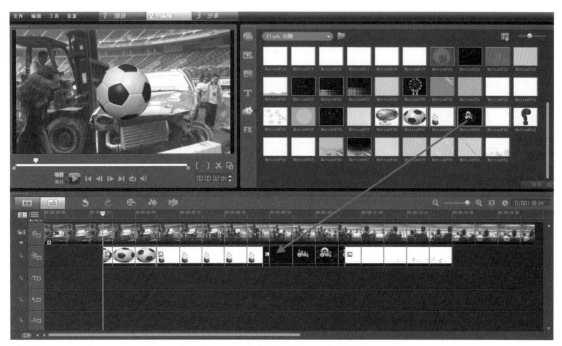

图 4-16　添加图形素材到覆叠轨

选中的色彩、对象、边框或者 Flash 动画素材就被添加到了影片中，并覆盖在视频的画面上，此时在预览窗口可以看到这个形成镂空的特殊效果，如图 4-17 所示。

图 4-17　叠加了 Flash 动画的视频

可以调整这个 Flash 动画在视频中的大小、位置等，如需调整请点击覆叠轨道上的图形素材，这时预览窗口会出现调整界面，点击预览窗口上的图形素材可以任意移动位置，鼠标在虚线边缘按住并移动可以改变大小，比如缩小后并将其移动到视频画面的右下角，如图 4-18 所示。

图 4-18　调整覆盖轨上素材在影片的位置、大小

4.5　调整图像素材在影片中的播放时间

在添加图像素材时，可以随意地调整素材在影片中的播放时间，下面介绍几种不同的调整方法。

4.5.1　设置软件默认区间（播放时间）

所有插入编辑轨道上的静态图形素材在影片中播放时间都自动设定成软件事先设置好的默认时间，如图 4-19 所示。

图 4-19　添加到编辑轨道上的图像与色彩都自动按默认的长度排列

> ◎◎◎◎**提示**
>
> 　　视频中静止图像播放速度与制式有关，中国使用 PAL 制式，每秒播放 24 个画面，这也叫帧速率，会声会影里的预览窗口和时间轴上的时间码（00:00:00:00）依次显示的内容是：时：分：秒：帧。帧按 24 进位，不是时间的 60 进位。

如需修改软件默认区间，请在插入素材之前按快捷键 F6 或点击菜单栏上的【设置】并点击"参数选择"以打开【参数选择】对话框。在【编辑】选项卡中将【默认照片/色彩区间】修改为所需要的持续播放时间，如图 4-20 所示。设置完成后，新插入的图像素材自动采用自定义的持续播放时间。

图 4-20　设置默认区间

4.5.2　调整单个或文件的播放时间

如果想要调整已经添加到故事板中的单个素材的播放时间，可以按照以下的方法操作。

操作步骤

01 素材添加完成后，在故事板或时间轴上选中需要调整播放时间的图像或者视频素材，点击预览窗口右下角的 ▇ **选项 ≪** 按钮，展开选项面板，选项面板的【区间】中显示当前素材的持续播放时间，如图 4-21 所示。

图 4-21　【区间】中显示当前素材的持续播放时间

02 在要修改的时间上单击鼠标，使它处于闪烁状态，输入新的数值。例如，希望每张选中的图片在影片中持续播放 10 秒，则可以将【区间】中的"秒"所在的时间格设置为 10，如图 4-22 所示。设置完成后，按 Enter 键。

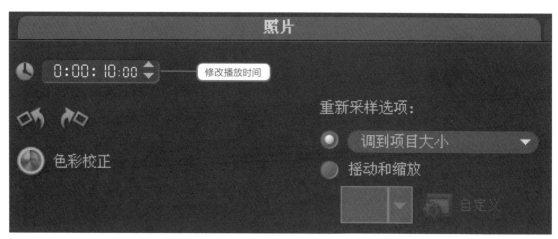

图 4-22　调整图片的播放时间

4.5.3　批量调整播放时间

在制作电子相册时，常常会在故事板上添加大量的相片素材。单独调整每一张相片的播放时间效率非常低，会声会影 X5 提供了批量调整播放时间的功能，可以方便快捷地完成这样的操作。下面介绍具体的操作方法。

操作步骤

01　在视频轨上添加图像素材。

02　按住 Shift 键单击鼠标选中要调整的多个素材或者按快捷键 Ctrl+A 选中所有素材，如图 4-23 所示。在略图下方可查看当前素材的播放时间。

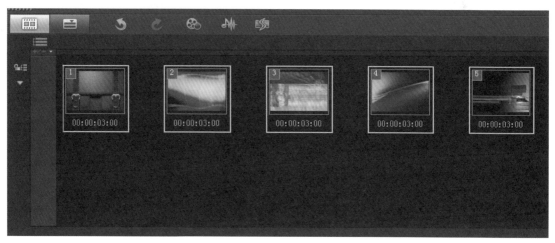

图 4-23　选中要调整的素材

03　在任意一个素材上单击鼠标右键，从弹出菜单中选择【更改照片区间】命令，如图 4-24 所示。

图 4-24　点击"更改照片区间"

04 在随后弹出的"区间"对话窗中进行修改，比如修改成 5 秒，如图 4-25 所示。

图 4-25　修改默认"区间"3 秒为 5 秒

05 设置完成后，单击" 确定 "按钮，所有被选中的素材的下面显示的播放时间都变成了 5 秒，如图 4-26 所示。

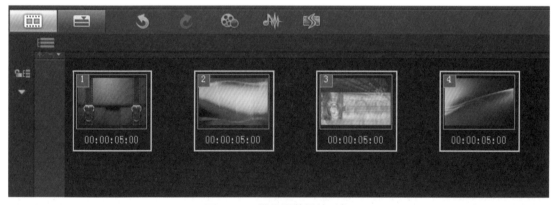

图 4-26　批量调整播放时间

4.6　设置照片的自动摇动和缩放效果

　　会声会影 X5 中的自动摇动和缩放是快速制作电子相册的利器，它可以模拟摄像机运动拍摄，使静止的图像动起来，增强画面动感，让相片展示更加生动。照片添加到视频轨或覆叠轨均可以使用该功能。

操作步骤

01 将照片添加到编辑轨道，单击预览窗口下方的播放项目按钮 查看相片的播放效果。这时，每张相片都以静止状态显示。如图 4-27 所示。

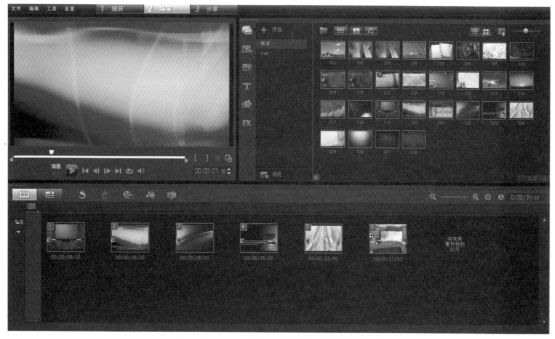

图 4-27　将照片添加到故事板

02 按下 Ctrl 点击鼠标左键选中一张或多张照片，或者按快捷键 Ctrl+A 选中所有素材，然后在任意一个素材上单击鼠标右键，从弹出菜单中选择【自动摇动和缩放】命令，如图 4-28 所示。

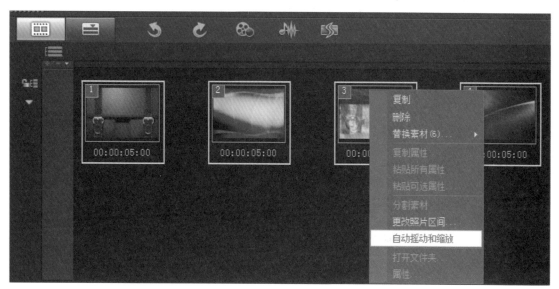

图 4-28　选择【自动摇动和缩放】命令

03 将摇动和缩放效果应用到所有选中的素材上后，照片缩略图上会出现"▦"标记，此时单击预览窗口下方的【播放】按钮"▦ ▶"（项目或素材均可以）可查看照片在影片中的实际效果，如图 4-29 所示。

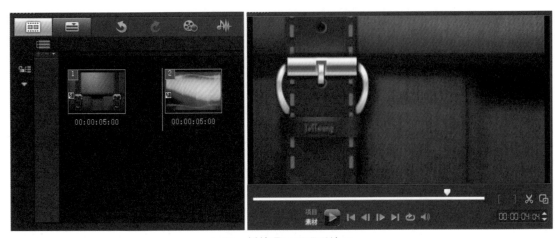

4-29　播放项目以观看效果

04 如需进一步调整摇动和缩放效果，在应用摇动和缩放效果后，选中故事板上的一个图像素材，然后单击选项面板上【摇动和缩放】右侧的三角按钮，从下拉列表中选择软件自带的样式，如图 4-30 所示。

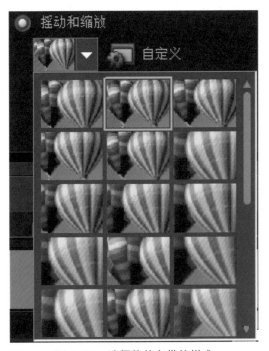

图 4-30　选择软件自带的样式

05 或者单击"▦ 自定义"按钮打开"摇动和缩放"窗口，自定义摇动和缩放样式，如图 4-31 所示。

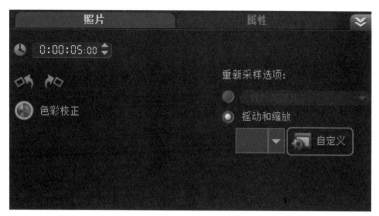

图 4-31　点击自定义按钮，自定义摇动和缩放样式

06 分别拖动两个"✛、✛"（选中时为红色）移动位置的起点和终点，或者点击"摇动和缩放"窗口左下方的预设的 9 个停靠位置中一个以选择摇动的样式，勾选"无摇动"时☑无摇动(0)，素材的移动将被禁止，移动矩形四角上的小黄块改变矩形面积大小，以增加或减少缩放效果，自定义摇动和缩放效果后，点击右侧预览窗口右下角的播放▶按钮，可在预览窗口中查看实际效果，如图4-32 所示。

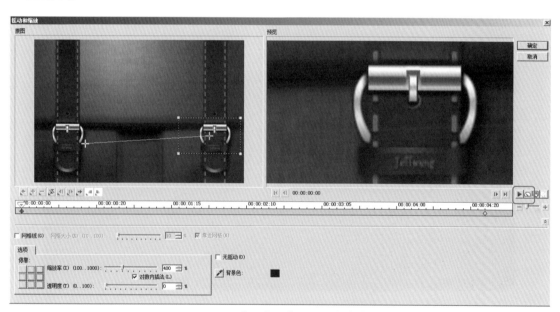

图 4-32　进一步调整摇动和缩放效果

4.7　影片剪辑的选项面板详解

将要使用的素材添加到视频轨上以后，还可以对视频、图像和色彩素材进行编辑。也可以在【属性】选项卡中，对应用到素材上的视频滤镜进行微调，快速打开选项面板的方法是，双击编辑轨道上的素材，选项面板内置"照片／视频／色彩"（根据素材种类不同）及"属性"两个选项卡，如图 4-33 所示。

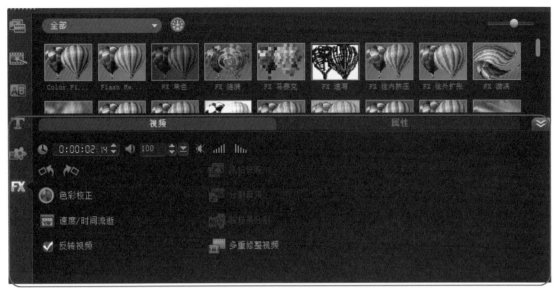

图 4-33　双击故事板视频素材略图打开选项面板

4.7.1 【视频】选项卡

在视频轨上选中一个视频或者 Flash 动画素材，选项面板上的【视频】选项卡如图 4-34 所示，其中各个参数的功能介绍如下。

图 4-34　选项面板上的【视频】选项卡

1. 区间 0:00:06:00

显示当前选中的视频素材长度，时间格中的几组数字分别对应小时、分钟、秒和帧。可以单击时间格，待其对应的数字闪动时单击【区间】右侧的上下箭头或者输入新的数值调整素材的长度，按下键盘的回车键，素材将在编辑轨道上被剪辑掉区间长度以后的内容。

2. 素材音量 100

如果故事板上素材的略图上显示 标志，表示此素材包含有声音，如图 4-35 所示。

图 4-35　素材略图上的声音标志

100 表示原始的音量大小，单击右侧的三角按钮，如图 4-36 所示，在弹出窗口中可以拖动滑块以百分比的形式调整视频和音频素材的音量；也可以直接在文本框中输入一个数值，调整素材的音量。

图 4-36　调整素材的音量

3. 静音

按下 按钮，使它处于显亮状态，可以使视频的音频部分变为静音，而不删除音频。当需要屏蔽视频素材中的原始声音，而为它添加背景音乐时，可以使用此功能。

4. 淡入

按下 按钮，按钮变为显亮状态，表示已经将淡入效果添加到当前选中的素材中。淡入效果使素材起始部分的音量从零开始逐渐增加到最大。

5. 淡出

按下 按钮，按钮变为显亮状态，表示已经将淡出效果添加到当前选中的素材中。淡出效果使素材结束部分的音量从最大逐渐减小到零。

提示　调整淡入 / 淡出的区间

按快捷键 F6 打开【参数选择】对话框。在【编辑】选项卡中调整【默认音频淡入 / 淡出区间】中的数值来设置淡入 / 淡出的区间，如图 4-37 所示。

参数选择

| 常规 | 编辑 | 捕获 | 性能 | 界面布局 |

☑ 应用色彩滤镜(Y)   ○ NTSC(N) ● PAL(P)
重新采样质量(Q):   好
☐ 用调到屏幕大小作为覆叠轨上的默认大小(Z)
默认照片/色彩区间(I)   5   (1..999) 秒

视频
　☑ 显示 DVD 字幕(D)

图像
　图像重新采样选项(A):   保持宽高比
　☑ 对照片应用去除闪烁滤镜(T)
　☐ 在内存中缓存照片(M)

音频
　默认音频淡入/淡出区间(F):   1   (1..999) 秒
　☐ 即时预览时播放音频(R)
　☑ 自动应用音频交叉淡化(C)

转场效果
　默认转场效果的区间(E):   1   (1..999) 秒
　☐ 自动添加转场效果(S)
　默认转场效果(U):   随机

确定   取消

图 4-37　设置淡入/淡出默认区间

6. 旋转

旋转视频素材。单击"　"按钮，逆时针 90°旋转视频素材。单击"　"按钮，顺时针 90°旋转视频素材，如图 4-38 所示。

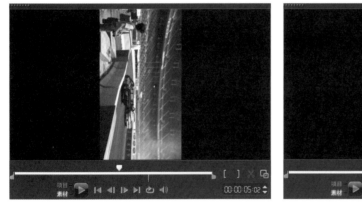

图 4-38　视频顺时针或逆时针旋转

7. 色彩校正

单击　按钮，在图 4-39 所示的选项面板上调整视频素材的色调、饱和度、亮度和 Gamma 值，可以轻松地对过暗或偏色的影片进行校正，也能够将影片调成具有艺术效果的色彩。选项面板上各项参数功能见表 4-2。

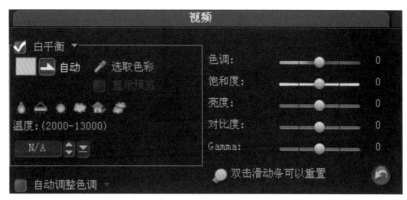

图 4-39 色彩校正

表 4-2 色彩校正各项参数功能

参 数	功 能
白平衡	选中该选项，通过调整选项面板中的参数校正视频的白平衡
自动	按下 自动 按钮，程序自动分析画面色彩并校正白平衡
选取色彩	按下 选取色彩 按钮，在画面中单击鼠标指定白色的位置，然后程序以此为标准进行色彩校正
显示预览	选中该选项，将在选项面板上显示预览画面，以便于比较白平衡校正前后的效果
场景模式	分别对应钨光、荧光、日光、云彩、阴影、阴暗等场景，按下相应的按钮，将以此为依据进行智能白平衡校正
温度	即色温，色温以 Kelvin 为单位，例如，说灯泡的色温是 2800K
自动调整色调	选中该选项，将由程序自动调整画面的色调
色调	调整画面的颜色。在调整过程中，色彩会根据色相环进行改变
饱和度	调整色彩浓度。向左拖动滑块则色彩浓度降低，向右拖动滑块则色彩变得鲜艳
亮度	调整明暗程度。向左拖动滑块则画面变暗，向右拖动滑块则画面变亮
对比度	调整明暗对比。向左拖动滑块则对比度减小，向右拖动滑块则对比度增强
Gamma	调整明暗平衡

8. 速度／时间流逝

单击"▣"按钮，打开【速度／时间流逝】对话框，在对话框中调整素材的播放速度，即通常所说的快慢动作。

9. 反转视频

选中该复选框，反向播放视频，使影片倒放，建立有趣的视觉效果。

10. 抓拍快照

单击▣按钮，将当前帧保存为图像文件并放到图像素材库中。

11. 分割音频

单击▣按钮，将视频文件中的音频分离出来并放到声音轨中。

12. 按场景分割

单击 ![按钮] 按钮,在弹出的对话框中按照视频录制的日期、时间或视频内容的变化(例如动作变化、相机移动、亮度变化等),将捕获的 DV AVI 分割为单独的场景。对于 MPEG 文件,此功能仅可以按照视频内容的变化分割视频。

13. 多重修整视频

单击 ![按钮] 按钮,在弹出的对话框中允许用户从视频文件中选取多个需要的片段并提取出来添加到故事板上,如一段视频素材中四个片段被选取,按下确定后,这 4 段将出现在编辑轨道上,原来整段的一个视频将被代替,如图 4-40~ 图 4-42 所示。

图 4-40　一段视频

图 4-41　在多重修整中截取 4 段

图 4-42　4 段视频代替原来的一段视频

4.7.2 【照片】选项卡

如果在故事板上添加了一个图像素材，选中并双击该素材打开的选项面板如图 4-43 所示。

图 4-43 【照片】选项卡

1. 区间 🕐 0:00:06:00 ⬍

设置所选的图像素材在影片中持续播放的时间。

2. 旋转

旋转图像素材。单击 或 按钮，将图像逆时针或顺时针旋转 90°。

3. 色彩校正

单击 按钮，在选项面板上调整素材的白平衡、色调、饱和度、亮度和 Gamma 值。对过暗或偏色的图片素材进行校正。

4. 重新采样选项

设置调整图像大小的方法，单击右侧的三角按钮，从图 4-44 所示的下拉列表中选择重新采样的方式。选中【保持宽高比】选项保持当前图像的宽度和高度的比例；选中【调到项目大小】选项，使当前图像的大小与项目的帧大小相同。

图 4-44 选择重新采样的方式

5. 摇动和缩放

选中该单选钮，将摇动和缩放效果应用到当前图像中。摇动和缩放可以模拟摄像时的摇动和缩放效果，让静态的图像变得具有动感。

6. 预设

选中【摇动和缩放】单选钮，单击【预设】右侧的三角按钮，从下拉列表中选择各种预设的摇动和缩放效果，如图 4-45 所示。

图 4-45　选择各种预设的摇动和缩放效果

7. 自定义

单击 按钮，在弹出的对话框中可以定义摇动和缩放当前图像的方法。

4.7.3 【色彩】选项卡

如果在故事板上添加了一个色彩素材，选中该素材，选项面板如图 4-46 所示。

图 4-46　【色彩】选项卡

1. 区间

设置所选的色彩素材在影片中持续播放的时间。

2. 色彩选取器

单击色彩框，在弹出菜单中可以自定义需要使用的颜色，如图 4-47 所示。

图 4-47　点击色块打开色彩选取器

4.8　影片剪辑的基本操作方法

在视频轨中添加素材后，常见的操作是调整素材顺序、剪辑素材、修整素材、改变视频的播放速度以及在素材上添加特效。下面绍影片剪辑的典型应用实例。

4.8.1　调整素材的播放顺序

调整素材的排列顺序，在故事板视图模式下更为直观，请将编辑轨视图调整为故事板模式，在视频轨上添加素材后，每一个略图代表影片中的一个视频素材或者图像素材，略图按影片的播放顺序依次出现，如果希望改变素材在影片中播放的顺序，可以按照以下的方法操作。

操作步骤

01 在视频轨上添加视频素材或者图像素材，如图 4-48 所示。

图 4-48　添加视频素材或者图像素材

02 在需要调整顺序的素材上按住并拖动鼠标，移动到希望放置素材的位置。这时，故事板上以"竖线"表示素材将要放置的位置，如图 4-49 所示。

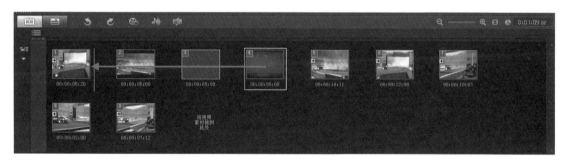

图 4-49　移动到希望放置素材的位置

03 释放鼠标，选中的素材将被放置到新的位置，如图 4-50 所示。

图 4-50　将素材移动到新的位置

4.8.2 删除不需要的素材

删除故事板中的素材，可以使用以下的方法之一。

01 选中需要删除的一个或多个素材（按住 Shift 在素材上单击鼠标，可以选中多个素材），然后按下键盘上的 Delete 键。

02 选中需要删除的一个或多个素材，选择【编辑】菜单中的【删除】命令，如图 4-51 所示。

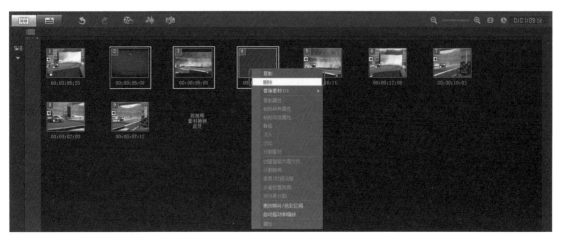

图 4-51　选中素材按下右键并选择"删除"命令

🌐🌐🌐**提示　撤销删除操作**

　　如果出现了误删除操作，可以按快捷键 Ctrl+Z 撤销删除或者点击编辑轨道 ▨ ▨ ⤺ ⤻ ⊛ ⩊ ⬚ 上的"⤺"按钮。

4.8.3 素材的掐头去尾

对视频素材进行剪辑时，最为常见的就是去视频的开始和结尾部分，以使得最后的成片时间合适。会声会影提供了多种操作方式来实现这个功能。建议使用时间轴视图模式来修整素材。这样最为快捷和直观。

快速粗旷的修剪方法

01 单击故事板上方的模式切换按钮 ▨ ，切换到时间轴模式，另外按下 F6 键，在参数设置中将素材的显示模式调整为"仅略图"模式，如此更为直观方便，如图 4-52 所示。

图 4-52　切换到时间轴模式并将素材显示模设置成仅略图模式

02 点击并选中需要修整的素材，选中的素材两端会以黄色标记表示，按住两端的黄色标记并左、右拖动鼠标，可以快速粗略地将视频去头去尾，如图4-53所示。

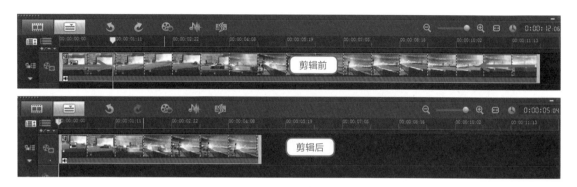

图4-53 拖动黄色标记剪辑素材的头尾

精确的修剪方法

01 点击选中视频轨道上的视频素材，此时在预览窗口中可查看当前对应的视频内容，按下播放按钮从头开始播放素材，或者鼠标拖动飞梭栏上拖动以快速定位，播放到或滑动到需要修整的位置后点击播放按钮暂停，或停止移动飞梭栏上的滑块，然后点击"**◀I**"或"**I▶**"按钮并留意预览窗口的内容，可以精确到帧的剪辑位置，如图4-54所示。

图4-54 利用预览窗口下的按钮找到修剪位置

02 点击飞梭栏右侧的"**[**"按钮，编辑轨道上的素材将在此位置去掉"头部"，如图4-55所示。

图 4-55　按下"["按钮，视频素材被"掐头"

03 继续第一步的操作方法，以精确地确定视频的尾部，然后按下飞梭栏右侧的"]"按钮来"去尾"，注意飞梭栏上的白色区域即为素材在视频轨上保留的区间，如图 5-56 所示。

图 4-56　按下"]"按钮，素材被"去尾"

4.8.4　利用视频区间来修整素材长度

使用视频区间进行修整精确控制素材片断的播放时间，但它只会从视频的尾部进行截除。这种方法较为适合对整个影片的播放总时间有严格的限制，可以使用区间修整的方式来调整各个素材片断。

操作步骤

01 在视频轨上双击需要修整的素材以展开选项面板，选项面板的【视频区间】中显示当前选中的视频素材的长度，如图 4-57 所示。当前视频素材的长度为 12 秒 6 帧。比如需要将视频长度最终保留为 5 秒，可继续执行如下操作。

图 4-57　在选项面板上查看素材长度

02 首先按照前面介绍的方法确定素材的起点位置，并去掉素材的前面部分，然后双击视频轨上的素材以打开"选项面板"，此时由于素材的头部被去掉一部分，视频区间中显示的时间变为"11秒 10 帧"，如图 4-58 所示。

图 4-58　"掐头"后视频当前长度为 11 秒 10 帧

03 双击"视频区间"对应的数字使其闪动，然后输入"5"秒即"00"帧，如图 4-59 所示。

图 4-59　调整视频区间为 5 秒

04 按下键盘的 "Enter" 键，视频轨道上的素材将被剪切成 5 秒的长度，如图 4-60 所示。

图 4-60　保留在视频轨道上的素材被修剪成 5 秒的长度

4.8.5　用飞梭栏和预览栏修整素材

使用飞梭栏和预览栏修整素材是最为直观和精确的方式，这种方式可以非常方便地使修剪的精度精确到帧。

操作步骤

01 将素材添加到视频轨上，或鼠标点击选中需要修剪的视频，如图 4-61 所示。

图 4-61　将素材添加到视频轨上或点击选中视频轨道上的素材

02 单击预览栏下方的播放素材按钮播放所选择的素材，或者直接拖动飞梭栏上的滑块，使预览窗口中显示需要修剪的起始帧的大致位置，单击【上一帧】按钮和【下一帧】按钮进行精确定位，如图 4-62 所示。

图 4-62　精确定位开始位置

03 确定起始帧的位置后，按快捷键 F3 或者单击 "▮"（开始标记）按钮，将当前位置设置为开始标记，这样，就完成了开始部分的修整工作，如图 4-63 所示。

图 4-63　设置开始标记

04 继续单击预览栏下方的播放素材按钮播放所选择的素材，或者直接拖动飞梭栏上的滑块，使预览窗口中显示需要修剪的结束帧的大致位置。单击【上一帧】◀▌按钮和【下一帧】按钮▐▶进行精确定位，如图 4-64 所示。

图 4-64　精确定位结束位置

05 确定结束帧的位置后，按快捷键 F4 或者单击 "▌" (结束标记) 按钮，将当前位置设置为结束标记点，完成了结束部分的修整工作，如图 4-65 所示。

被修剪的
视频区域

单击

图 4-65　按下 "F4" 按钮设置结束标记

06 剪辑完成后，在视频轨上可以看到素材原先的头部和尾部的内容不再显示，如图 4-66 所示。

图 4-66　剪辑前后的效果比较

4.8.6　保存修整后的视频

使用以上介绍的方法修整影片后，并没有真正地将所修整的部分减去。只有在最后的【分享】步骤中，通过创建视频文件才去除了所标记的不需要的部分，在这之前，可以随时调整修整位置。如果已经确认不需要再对影片进行调整，为了避免误操作改变了精心修剪的影片，就需要将修整后的影片单独保存，具体的操作步骤如下。

操作步骤

01 修整影片后，单击时间轴上的视频素材，使它处于选中状态。

02 从【文件】菜单选择【保存修整后的视频】命令，程序将渲染素材并将修整后的视频素材在素材库中保存为一个新的文件，如图 4-67 所示。

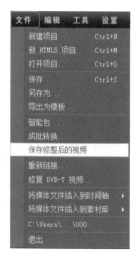 

图 4-67　保存修整后的视频

特别说明

修整后的文件将显示在素材库中，为了便于对照，将该素材拖拽到视频轨道，分别点击原始素材即修改保存后的素材，并观察预览窗口下方修整栏和飞梭栏上的标记，可以看到原始素材与修整后的新文件之间的区别，如图 4-68 所示。对于原始素材，可以拖动修整栏上的滑块"◢"

及 "└" 重新定位开始位置和结束位置，也可以恢复到修整前的状态。而修整后的新文件则无法恢复到修整前的状态。

原始素材　　　　　　　　　　　　保存修整后的素材

图 4-68　　原始素材与修整后的新文件之间的区别

4.8.7　分割视频素材

分割素材就是将视频从某个位置分割成两个部分，这样，可以在分割的位置添加转场或者插入其他的视频、图像，也可以单独分割出不需要保留的内容，然后删除。

操作步骤

01 将视频素材添加到视频轨上，如图 4-69 所示。

图 4-69　将视频素材添加到视频轨上

02 单击预览栏下方的播放素材按钮 播放素材，或者直接拖动飞梭栏上的滑块找到需要分割的位置。然后单击【上一帧】按钮 和【下一帧】按钮 进行精确定位，单击预览窗口下方的 【分割视频】按钮，将视频素材从当前位置分割为两个素材，如图 4-70 所示。

图 4-70　分割视频

03 分割完成后，在编辑轨道上，可以看到原先的一个素材略图变成了两个独立的素材略图，如图 4-71 所示。

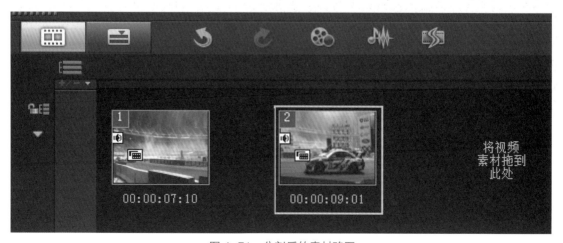

图 4-71　分割后的素材略图

04 重复前面操作，可将素材分割成多个视频片段，分割完成后，在故事板模式下可以看到 3 个素材略图，如图 4-72 所示。

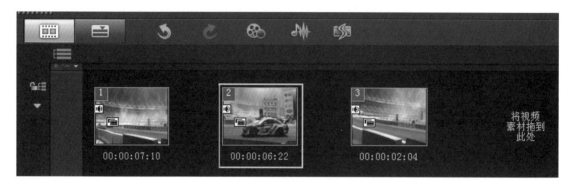

图 4-72 再次分割素材

05 选中不需要的视频片断，按 Delete 键将其删除，如图 4-73 所示。

图 4-73 删除不需要的影片内容

06 也可以在分割完成的视频之间添加转场或者其他类型的素材，如图 4-74 所示。

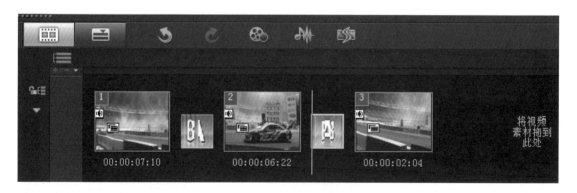

图 4-74 添加转场或其他类型素材

○○○○**提示 保存修整后的素材**

　　使用分割视频的方法分割后的素材并没有真正被剪切为单独的视频文件。在故事板上选择任意一个素材片断，可以看到分割后的素材仅仅是调整了开始位置和结束位置。如果需要将素材的某个片段分割成一个单独文件，便于以后制作时使用，需要选择【文件】/【保存修整后的视频】命令，将分割后的视频素材片段保存成单独文件的形式。

4.8.8 多重修整视频

多重修整视频是一种更为高效的视频分割方法，它集视频分割与删除多余视频片段于一体，可以让用户更快捷方便地从原始素材中"抓取"多个视频片段保留在视频轨道上，从而删除素材中其他不需要的内容。

操作步骤

[01] 将视频素材插入到视频轨上，并双击该素材或者选中素材后单击素材库右下角的" 选项 ^ "按钮打开选项面板，或点击如图4-75所示。

图4-75　插入素材

[02] 单击选项面板上的 按钮，如图4-76所示。

图4-76　点击"多重修整视频"按钮

[03] 选取第一个视频片段：在打开的【多重修整视频】对话框中，拖动预览窗口下方飞梭栏上的滑块，或者使用预览窗口下方的播放控制按钮找到第一个片段的起始帧的位置，按下" ["按钮，标记第一段视频片段的起始点，如图4-77所示。

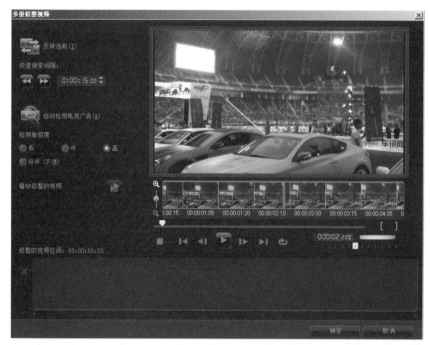

图 4-77 点位并标记起始点

04 继续拖动飞梭栏上的滑块，或者利用控制按钮定位到第一个片段的终止点，然后按下"**〗**"按钮，标记终止点，从起始点到终止点之间的视频片段将被标记完成，飞梭栏上会以一段白色来显示，同时这段被标记的视频片段的缩略图将出现窗口的下方，如图 4-78 所示，至此第一个视频片段选择完成。

图 4-78 点位并标记终止点完成视频片段的选取

05 选取第二个视频片段：继续向右拖动滑块或者使用预览窗口下方的播放控制按钮，找到第二个片段的起始点，分别按下"**[**"及"**]**"按钮，标记第二段视频片段的起始点和终止点，飞梭栏上会以一段白色来显示，同时这段被标记的视频片段的缩略图同样会出现窗口的下方，至此第一个视频片段选择完成，如图 4-79 所示。

图 4-79　选取的第二段视频片段

06 重复执行前面的步骤，直到标记出要保留或删除的所有片段，如图 4-80 所示。

图 4-80　标记出所有的视频片段

07 在默认设置下，上面标记的区域是需要影片中保留的区域，按下图 4-80 中的" 确定 "
按钮，所有这些标记的视频片段将出现在视频编辑轨道上，并代替了原始素材，如图 4-81 所示。

图 4-81　原始素材被一次性修整

> ◐◑◒◓**提示　反转选取素材**
>
> 单击【反转选取】按钮 ，所标记的区域将被删除，未标记的区域则被保留下来，如图 4-82 所示。

图 4-82　反转选取视频片段

4.8.9　按场景分割素材

使用【编辑】步骤中的按场景分割功能，可以检测视频文件中不同的场景并自动将它分割
成不同的素材文件，这样可以很方便地为不同场景添加滤镜或在场景之间添加过渡的特技。如
果需要使用按场景分割功能分割视频，可以按照以下的步骤操作。

操作步骤

01 将视频文件添加到视频轨，并双击视频轨上的素材或选中视频后点击 选项 ∧ 以打开选项面
板，如图 4-83 所示。

图 4-83　添加视频素材并打开选项面板

02 单击选项面板上的【按场景分割】按钮，打开【场景】对话框，如图 4-84 所示。

图 4-84　打开【场景】对话框

03 单击 扫描(S) 按钮，程序将扫描整个视频文件并列出所有检测到的场景，如图 4-85 所示。

图 4-85　扫描场景

○○○提示
　　单击【选项】按钮，在弹出的【场景扫描敏感度】对话框中，拖动滑块可以设置敏感度的值。敏感度数值越高，场景检测越精确，如图 4-86 所示。

图 4-86　调整场景扫描灵敏度

○○○提示
　　将一些已检测到的场景合并为单个素材。选中要合并的所有场景，单击 连接(J) 按钮。加号（＋）和一个数字表示合并到特定素材中的场景数量。单击 分割(P) 按钮撤销已执行的连接操作，如图 4-87 所示，将第 5 和第 6 个场景连接成一个场景。

图 4-87　连接或分割场景

04 选中所有或部分场景编号同时勾选"将场景作为多个素材打开到时间轴"选项，单击
" 确定 "按钮，如图 4-88 所示。

图 4-88　选择场景按下确定按钮

05 刚才选中的场景将会显示在故事板上，原始视频被替代，如图 4-89 所示。

图 4-89　　按场景分割后的视频素材

4.9　视频素材处理的基本方法

4.9.1　从影片中抓拍快照

在会声会影 X5 中，可以将视频中的一帧画面捕获为静态图像并将它保存到素材库中。

操作步骤

01 选中编辑轨上的视频素材，并打开选项面板，如图 4-90 所示。

图 4-90　选中视频素材并打开选项面板

02 拖动飞梭栏上的滑块快速定位到要捕获的帧上，并单击【上一帧】按钮和【下一帧】按钮进行精确定位，找到一个在预览窗口中清晰显示的视频帧，如图 4-91 所示。

03 单击选项面板上的  【抓拍快照】按钮，或者选择【编辑】/【抓拍快照】命令。当前帧将保存到硬盘中，如图 4-92 所示。

图 4-91　找到在预览窗口中清晰显示的视频帧

图 4-92 单击【抓拍快照】按钮

04 程序自动把当前画面保存到素材库中，如图 4-93 所示。

图 4-93　当前帧作为静态图像保存到素材库中

4.9.2　校正视频的色彩

会声会影提供了专业的色彩校正功能，可以很轻松地针对过暗或偏色的视频进行校正，也能够将视频调成具有艺术效果的色彩。

在故事板或者时间轴上选中需要调整的素材，单击选项面板上 色彩校正 按钮，在弹出的图 4-94 所示的选项面板上校正图像和视频的色彩和对比度。

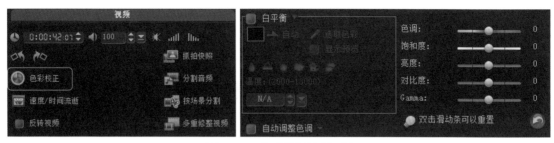

图 4-94　色彩校正选项面板

1. 色调

调整画面的颜色。在调整过程中，色彩会按着色相环做改变，如图 4-95 所示。

图 4-95　通过调整色调改变画面颜色

2. 饱和度

调整视频的色彩浓度。向左拖动滑块色彩浓度降低，向右拖动滑块色彩变得鲜艳，如图 4-96 所示。

图 4-96　通过调整饱和度改变画面色彩浓度

3. 亮度

调整图像的明暗程度。向左拖动滑块画面变暗，向右拖动滑块画面变亮，如图 4-97 所示。

图 4-97　通过调整亮度改变画面明暗程度

4. 对比度

调整图像的明暗对比。向左拖动滑块对比度减小，向右拖动滑块对比度增强，如图 4-98 所示。

图 4-98 通过调整对比度改变画面明暗对比

5. Gamma

调整图像的明暗平衡，如图 4-99 所示。

图 4-99 通过调整 Gamma 值改变画面明暗平衡

4.9.3 分离视频素材中的音频

会声会影允许将视频文件内的音频单独分离出来，这样可以对音频进行独立的编辑，甚至可以将分离的音频生成一个新的音频文件，方便后期的使用。

单击选中视频轨上的视频素材，并点击 选项 ∧ 打开选项面板，或者直接双击视频轨上的视频，快速打开选项面板，如图 4-100 所示。

图 4-100 选中素材并打开选项面板

点击选项面板中的"分割音频"按钮，随后在视频轨道上可以看到分离出来的音频被自动添加到音频轨上，如图 4-101 所示。

图 4-101　分离音频

点击音频轨上的音频，可以使用前面介绍的视频剪辑的方法对音频进行剪辑，比如将音频分成 4 段，如图 4-102 所示。

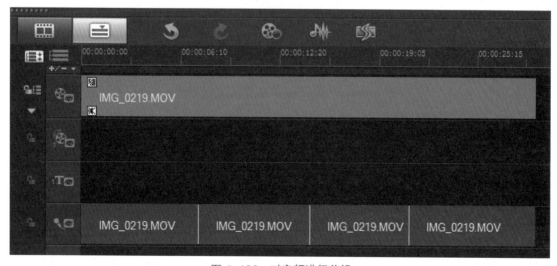

图 4-102　对音频进行剪辑

选中剪辑的片段，按下键盘的 Del 键，可删除音频的片段，如图 4-103 所示。

图 4-103　删除音频片段

双击音频打开选项面板，利用选项面板上的功能按钮，对音频音量、播放速度进行调整，另外也可以调整该音频的淡入和淡出效果，如图 4-104 所示。

图 4-104　对音频进行处理

4.9.4 反转视频

反转视频是将视频倒着播放,这在影片的制作中是经常使用的一种手段,操作方法如下。

01 双击视频轨上的视频素材,打开选项面板,如图 4-105 所示。

图 4-105 选中视频并打开选项面板分离音频

02 勾选选项面板中的"反转视频",如图 4-106 所示。

图 4-106 勾选"反转视频"

03 随后编辑轨道上的视频素材被头尾颠倒,如图 4-107 所示。

图 4-107　视频素材被反转

4.9.5　影片的快慢动作调整

如需实现视频的快慢动作效果，请双击视频轨上的视频素材，打开选项面板。

01 点击"速度／时间流逝"按钮，如图 4-108 所示，打开"速度／时间流逝"对话窗。如图 4-108 所示。

图 4-108　点击"速度／时间流逝"

02 移动滑块调整视频的播放速度，如图 4-109 所示。

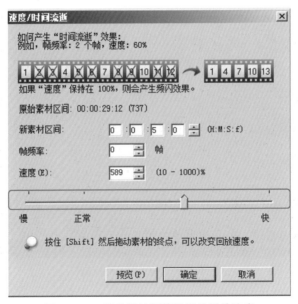

图 4-109　移动滑块调整视频的播放速度

03 拖动飞梭栏上的滑块，改变视频的播放速度，或者在"速度"一栏中直接输入速率的比值，或者在"新素材区间"里，输入新的播放长度，大于原来区间即为慢动作，反之就是快动作，最后按下"确定"按钮，关闭窗口，随后视频轨道上的视频将被调整播放速度，根据前面的选择表现为或快放，或慢放的效果，视频在视频轨上的时间区间将缩短或加长，素材播放区间变为 5 秒，如图 4-110 所示。

图 4-110　素材播放区间变为 5 秒

◯◯◯提示

在时间轴视图模式下快速设置快慢动作的方法：点击选中编辑轨道上的视频素材，然后将鼠标移动到视频尾部的黄色标记处，按住键盘的 Shift 键的同时鼠标按住黄色标记向左右滑动，向左设置快动作，向右移动减缓播放速度。

05

为影片添加炫目的视频特效

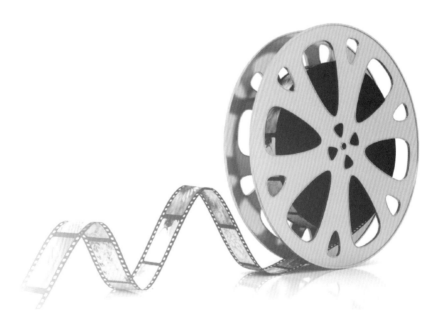

5.1　视频滤镜使用

视频滤镜可以将特殊的效果添加到视频或图像素材中，改变素材的样式或外观。例如，可以用视频滤镜改善素材的色彩平衡、为素材添加动态的光照效果、使素材呈现出绘画效果等。添加视频滤镜后，滤镜效果会应用到素材的每一帧上。通过调整滤镜属性，可以控制起始帧到结束帧之间的滤镜强度、效果和速度。

要显示视频滤镜，单击素材库左侧的**FX**按钮，并从素材库下拉菜单中选择【全部】，显示所有可用的视频滤镜，如图 5-1 所示。如果选中菜单中的某个类别，则预览窗口中显示该类别中的视频滤镜。

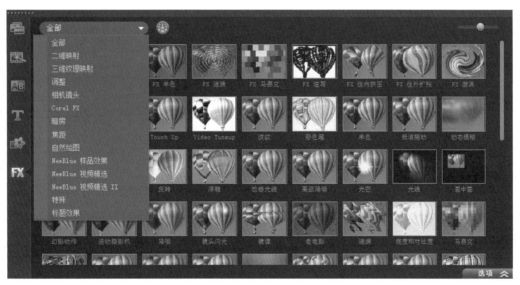

图 5-1　显示所有可用视频滤镜

> ◎◎◎◎**提示**　另一种显示视频滤镜的方法
>
> 在【编辑】步骤中，选中编辑轨上的素材，打开选项面板，然后单击选项面板上的【属性】选项卡，在素材库中显示视频滤镜，如图 5-2 所示。

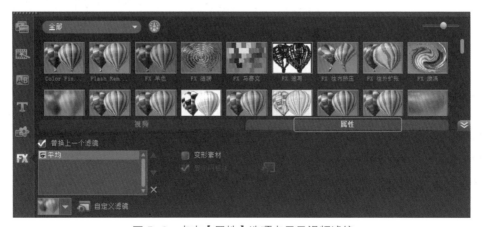

图 5-2　点击【属性】选项卡显示视频滤镜

5.1.1 添加视频滤镜

视频滤镜可以通过简单的拖曳操作将滤镜应用到素材上，也可以在同一个素材上应用多个视频滤镜。

操作步骤

01 将视频或图像素材添加到视频轨上。

02 单击素材库左侧的 FX 按钮，在下拉菜单中选择【全部】命令，显示所有可用的滤镜，如图 5-3 所示。

图 5-3 添加视频并打开视频滤镜

03 在素材库中选择【彩色笔】滤镜，将它拖曳到视频轨的素材上，应用【彩色笔】滤镜效果，如图 5-4 所示。

图 5-4 将【彩色笔】滤镜拖拽到素材上

04 如需调整彩色笔的效果，单击 选项 按钮展开选项面板，单击 右侧的三角按钮，从下拉列表中选择一种新的【彩色笔】滤镜预设效果，如图 5-5 所示。

图 5-5　选择其他的【彩色笔】滤镜预设效果

> **提示**
>
> 不是所有的视频滤镜都具有多个预设的效果，比如添加了"马赛克"滤镜，预设将不能选择，如图 5-6 所示。

图 5-6　部分滤镜没有多个预设效果

05 单击 按钮，查看应用视频滤镜后的效果，如图 5-7 所示。

图 5-7　应用【彩色笔】滤镜的效果

06 参照以上的方法可以继续为素材添加其他滤镜特效，根据设定不同，新添加的滤镜可以是替换上一次添加的滤镜，也可以选择与第一个滤镜进行叠加，即为素材添加多个滤镜特效，如需设定请在选项面板上"替换上一个滤镜"的备选框中勾选或取消勾选，当选择取消勾选时，表示可以为素材添加多个滤镜，否则再次添加的滤镜将替换上一次添加的滤镜，如图 5-8 所示。

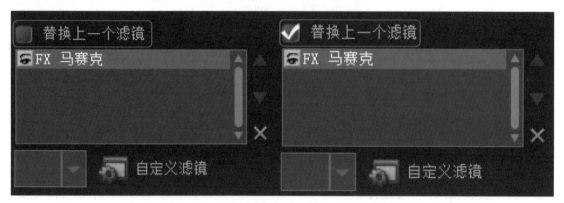

图 5-8　取消勾选与勾选"替换上一个滤镜"

07 选择取消勾选后，可再次将【雨点】滤镜拖曳到视频轨的素材上，新添加的滤镜叠加在素材上，素材上同时应用多个滤镜效果，如图 5-9 所示。

图 5-9　同时应用多个视频滤镜效果

⊙⊙⊙⊙**提示**　**视频滤镜的应用数量限制**

最多可以将 5 个滤镜应用到同一个素材中。

5.1.2　删除视频滤镜

01 双击编辑轨上已经添加了视频滤镜的素材，直接打开选项面板的"属性"选项卡。或者点击编辑轨道上素材，单击" **选项 ∧** "打开选项面板，再次点击选项面板上的"属性"选项卡，如图 5-10 所示。

图 5-10 打开选项面板的"属性"选项卡

02 点击滤镜名称，然后按下"✕"按钮，删除滤镜，重复动作可以删除所有滤镜，如图 5-11 所示。

图 5-11 依次选中滤镜并删除滤镜

5.1.3 自定义滤镜属性

会声会影的同一个视频滤镜除了预设了多个效果外，同时也允许用户自定义视频滤镜。单击 自定义滤镜 按钮，在弹出的对话框中自定义滤镜属性，另外会声会影编辑器还允许在素材上添加关键帧，以更加灵活地调整滤镜效果。

> **提示 什么是关键帧**
>
> 关键帧是为视频滤镜特别设计的几个关键画面，只有关键帧才能定义滤镜的属性或行为方式，而其他帧的效果则是由程序根据前后关键帧的内容自动生成的。这样就可以灵活地设置视频滤镜在素材任何位置上的外观。

如果需要自定义滤镜属性，可以按照以下的步骤操作。

操作步骤

01 将素材添加到视频轨，并按前面介绍的操作方法，给素材添加了【彩色笔】视频滤镜，双击素材以打开选项面板并点击"属性"选项卡，如图 5-12 所示。

图 5-12　打开视频属性选项卡

02 单击选项面板上的【自定义滤镜】按钮，打开当前应用的滤镜的属性设置对话框，该彩色笔滤镜默认在视频的起始点和终止点处有两个关键帧，两个关键帧设置的参数不同，视频在应用滤镜时，效果从第一个关键帧到下一个关键帧进行逐渐的变化，当然如果这两个关键帧设置的参数一样，视频将维持同样的滤镜效果不变，如图 5-13 所示。

图 5-13　打开【自定义滤镜】对话框

03 点击第一个关键帧（起始），该关键帧会显示为红色，此时窗口右下角的"程度"备选框处于可以修改的状态，根据实际情况，对该参数进行修改，其中的数值可在 0 ～ 100 之间任意设定，数值越大，表示彩色笔效果越明显，实际效果可以在右侧的预览窗口观看到，本例中将程度参数修改为"50"，如图 5-14 所示。

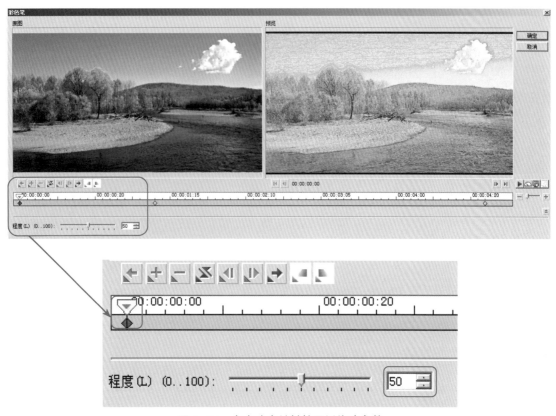

图 5-14 点击选中关键帧可以修改参数

【注意】不同类型的滤镜，还会包括其他不同的参数，如图 5-15 所示，是应用了"涟漪"滤镜后的参数。

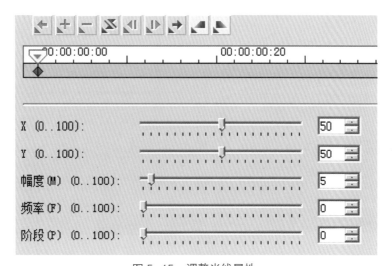

图 5-15 调整光线属性

04 不仅可以修改关键帧的参数，而且可以添加更多的关键帧，并为每个关键帧设定不同的参数，请将预览窗口下方的 ▽ 滑块移动到需要添加关键帧的新位置，如图 5-16 所示。

图 5-16 移动到要添加关键帧的位置

05 单击 ⊕ 按钮添加新的关键帧，并在对话框下方设置合适的参数，比如"100"，如图 5-17 所示，重复 4、5 步骤可以添加更多的关键帧。

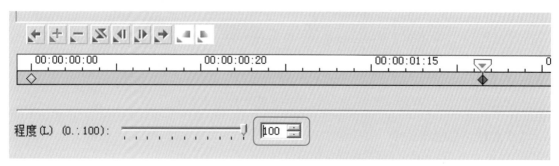

图 5-17 添加关键帧并设置关键帧属性

06 选择最后一个关键帧，然后设置参数，如图 5-18 所示，将"程度"调整为"0"。

图 5-18 调整最后一个关键帧的属性

07 调整完成后，单击【预览】窗口右侧的【播放】▶按钮预览滤镜效果，本例中设定了 3 个关键帧，彩色笔效果从第一个帧的"50"开始逐增加到第二帧的"100"，然后再逐渐减少到最后一帧的"0"，如图 5-19 所示。

图 5-19   自定义滤镜后的影片效果

5.1.4   关键帧控制按钮的使用说明

在自定义滤镜对话框中，可以使用一些控制按钮编辑关键帧，如图 5-20 所示，其功能见表 5-1。

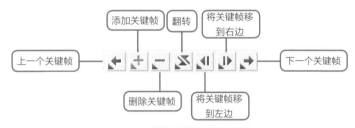

图 5-20   编辑关键帧的控制按钮

表 5-1   编辑关键帧的控制按钮的功能

按　　钮	功　　能
添加关键帧	将预览滑块移动到没有关键帧的位置，单击 ＋ 按钮可以添加新的关键帧
删除关键帧	选中一个关键帧，该按钮会变成蓝色显亮状态，单击 － 按钮可以删除已经存在的关键帧
翻转	单击 按钮，可以翻转时间轴中关键帧的顺序。视频序列将从终止关键帧开始，到起始关键帧结束
将关键帧移到左边	单击 按钮可以将关键帧向左移动一帧
将关键帧移到右边	单击 按钮可以将关键帧向右移动一帧
上一个关键帧	单击 ← 按钮，可以使上一个关键帧处于编辑状态
下一个关键帧	单击 → 按钮，可以使下一个关键帧处于编辑状态

5.1.5   预览控制按钮的使用说明

在滤镜的自定义窗口中的左下角，还有一些按钮用于控制添加效果后的影片播放和输出，如图 5-21 所示，其功能见表 5-2。

图 5-21　播放和输出控制按钮

表 5-2　播放和输出控制按钮的功能

按　钮	功　能
播放	单击 ▶ 按钮播放视频。左侧的窗口显示原始画面，右侧的窗口显示添加视频滤镜后的效果
播放速度	单击 ◠ 按钮，从弹出菜单中选择正常、快、更快、最快，以控制预览画面的播放速度
启用设备	按下 🖥 按钮，将启用指定的预览设备
更换设备	按下 🖥 按钮后，单击 🖳 按钮，在弹出的图 5-22 所示的对话框中指定其他的回放设备，用以查看添加滤镜后的效果

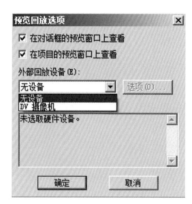

图 5-22　指定要使用的回放设备

06

为影片添加转场效果

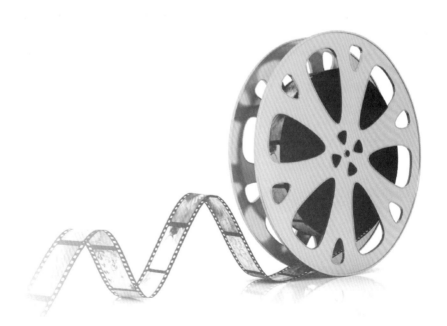

6.1 转场效果简介

在视频编辑中常常需要从一个视频场景切换到另外一个视频场景，最简单的连接方式就是直接跳转，也就是一段视频结束后直接切换到另一段视频。在会声会影中，可以使用多种转场效果实现视频素材之间的自然切换，比如常见的转帘式、百页窗式、淡入淡出等都属于转场效果。使用会声会影还可以在选项面板上修改转场的属性，为影片添加专业化的效果。

会声会影提供了 16 大类一百多种转场效果，单击素材库左侧的 AB 按钮，在素材库下拉菜单中就可以看到所有的转场效果，如图 6-1 所示。

图 6-1　会声会影提供的 16 大类效果

提示　合理运用转场

如果转场效果运用得当，可以增加影片的观赏性和流畅性，提高影片的艺术档次。但是如果运用不当，会使观众产生错觉，或者画蛇添足，大大降低影片的观赏价值。在影片制作过程中，即使只有很少的几种转场，善加利用也可以产生很棒的效果。

6.2 自动添加转场效果

会声会影提供了默认添加转场功能，将素材添加到项目中时，会自动在两段素材之间添加转场效果。需要注意的是，使用默认转场效果主要是帮助初学者快速方便地添加转场，提高影片的制作速度，降低初学者的使用难度，但对于一个已经熟练了软件操作及影片制作的人来说，合理并创造性地使用转场特效，可以使得影片更具有观赏性和艺术价值。

6.2.1　关闭或打开自动添加转场效果

自动添加转场效果，会声会影默认是关闭的，开启的方法如下。

01 启动会声会影，选择【设置】/【参数选择】命令或者按快捷键 F6 打开【参数选择】对话框，如图 6-2 所示。

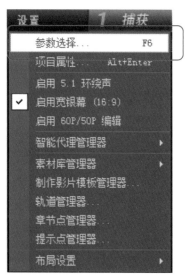

图 6-2　点击菜单栏上的"设置"按钮，并选择【参数选择】命令

02 在对话框中选择【编辑】选项卡，并勾选【自动添加转场效果】复选框，表示打开自动添加
转场效果，取消勾选表示关闭该功能，如图 6-3 所示。

图 6-3　勾选【自动添加转场效果】复选框

03 单击【默认转场效果】右侧的三角按钮，从弹出菜单中选择转场效果，如图 6-4 所示。在列
表中如果选择一种转场效果，所有素材之间将会统一添加所选择的转场。如果选择【随机】则会
由系统随机选择转场并添加到素材之间。建议选择【随机】选项，使影片的转场效果显得更加自
然和丰富，设置完成后，单击"确定"按钮保存退出。

图 6-4　选择想要使用的预设转场效果

04 打开自动添加转场效果后，会声会影会在添加到视频轨上的所有素材之间随机并自动添加转场效果，如图 6-5 所示，单击【播放项目】按钮，查看影片中添加的转场效果。

图 6-5　在素材之间自动添加转场效果

6.2.2　修改转场效果的默认时间

在图 6-5 中，所有自动添加的转场效果播放时间均为默认的 24 帧（1 秒），可以修改这个默认的时间，按下面操作方法进行。

按下键盘的 F6 键，打开参数选择，并点击"编辑"选项，修改"默认转场效果的区间"右侧的时间数值，比如修改为 2 秒，如图 6-6 所示，这样，以后会声会影无论是自动添加的还是手工添加的转场效果播放时间均为 2 秒，用户可根据自己的需要自行修改。

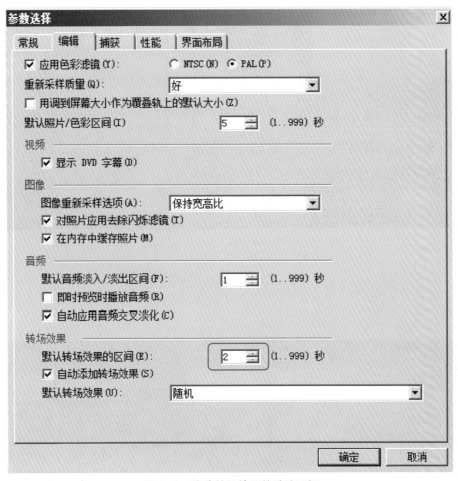

图 6-6　修改转场效果的默认区间

6.3 转场效果的基本应用

使用自动添加转场效果功能，虽然非常方便，但是约束太多，不能够很好地控制效果，下面，介绍手工应用转场效果的方法。

6.3.1 添加转场效果

在项目中添加转场效果与添加视频素材相似，因此，也可以将转场当作一种特殊的视频素材。下面，介绍在项目中添加转场效果的方法。

操作步骤

01 启动会声会影，选择【设置】/【参数选择】命令或者按快捷键 F6 打开【参数选择】对话框。在【编辑】选项卡中取消选中【自动添加转场效果】复选框。

02 将视频或照片素材添加到视频轨上，为了更为直观，可将编辑轨视图模式设定成故事板视图模式，如图 6-7 所示。

图 6-7 添加素材文件到视频轨

03 单击素材库左侧的【转场】按钮 AB，然后单击素材库右侧的三角按钮，从图 6-8 所示的下拉列表中选择转场效果的类别。选中其中的一个类别，可以在素材库中预览当前类别中包含的各种转场。

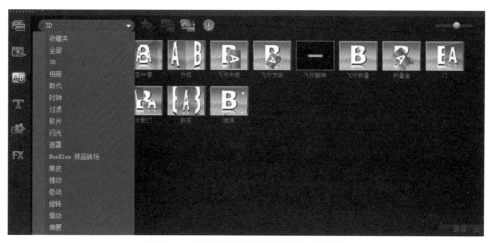

图 6-8 选择要使用的转场效果的类别

04 在素材库中单击鼠标选中一个转场略图，单击预览窗口下方的【播放素材】按钮，在窗口中预览转场效果。预览窗口中的 A 和 B 分别代表转场效果所连接的两个素材，如图 6-9 所示。

图 6-9 预览转场效果

05　将需要使用的转场效果拖曳到故事板上的两个素材之间，完成添加转场的工作，如图 6-10 所示。注意：由于转场是用于素材之间的过渡，因此，必须把它添加到两段素材之间。

图 6-10　将转场拖曳到故事板上的两个素材之间

06　添加完成后，在视频轨上单击鼠标选中要查看的转场。然后单击预览窗口下方的【播放素材】按钮 ，查看转场在影片中的效果，如图 6-11 所示。这样，可以实现两个素材之间的自然切换。

图 6-11　查看转场在影片中的效果

07　用同样的方式，也可以在其他素材之间添加其他转场效果，如图 6-12 所示。

图 6-12　在不同素材之间添加其他转场效果

6.3.2 将转场效果应用到整个项目

将转场效果应用到整个项目，包括【对视频轨应用随机效果】以及【对视频轨应用当前效果】两种方式。选择【对视频轨应用随机效果】命令，程序将随机挑选转场效果，并应用到当前项目的素材之间。选择【对视频轨应用当前效果】命令，把当前选中的转场效果应用到当前项目的素材之间。

对素材应用同一个转场的操作步骤

01 启动会声会影，添加素材文件到视频轨，如图 6-13 所示。

图 6-13 添加素材文件到视频轨

02 单击素材库左侧的【转场】按钮 ，在素材库中点击选择一个转场类别，本例中选择【3D】类别中的【百叶窗】转场，然后点击选中要使用的转场略图，然后点击预览窗口下的播放按钮，查看转场效果，如图 6-14 所示。

图 6-14 单击【百叶窗】转场略图，并查看效果

03 单击素材库上方的【对视频轨应用当前效果】按钮 ，当前选择的转场效果将被应用到视频轨上的所有素材之间，如图 6-15 所示。添加完成后，单击【播放项目】按钮 ，查看添加转场的效果。

图 6-15　单击【对视频轨应用当前效果】按钮，选中的转场将被应用到所有素材之间

04 如果，对添加的转场不满意，可以再次选择一个转场，然后单击素材库上方的【对视频轨应用当前效果】按钮，由于先前已经应用了转场效果，因此，将弹出图 6-16 所示的信息提示窗口。单击 是(Y) 按钮，新选择的转场效果将替换先前的转场效果。

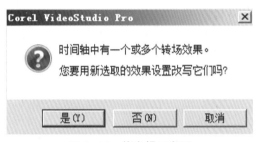

图 6-16　信息提示窗口

对素材应用不同随机转场的操作步骤

以上是对所有素材一次应用同一个转场效果，也可以对所有素材之间应用随机的转场效果，使得影片能够更有活力，点击"对视频应用随机效果"按钮，会声会影将会给视频轨上的所有素材之间添加随机的转场效果，如图 6-17 所示。

图 6-17　素材之间随机添加转场效果

6.3.3 调整转场效果的持续时间

将转场效果添加到素材之间后，转场效果默认的时间是软件默认的时间，前文已经介绍过如何修改转场效果的默认区间。下面介绍对单个转场进行区间修改的操作方法。

操作步骤

01 启动会声会影，添加素材到视频轨，并使用前面介绍的方法添加转场效果到素材之间，如图 6-18 所示。

图 6-18　添加转场效果到素材之间

02 鼠标双击选择要调整的转场略图，程序自动切换到【转场】素材库并自动打开选项面板，查看当前转场效果可以调整的参数，如图 6-19 所示。

图 6-19　显示转场效果的选项面板

03 选项面板的【区间】以"时：分：秒：帧"的形式显示转场效果的播放时间。在需要修改的时间上单击鼠标，然后输入新的数值，通过修改时间码的值调整转场的播放时间，如图 6-20 所示，将区间数值从 1 秒调整为 3 秒。

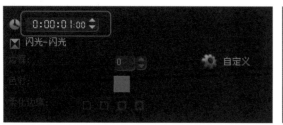 

图 6-20　改变【区间】的数值

◎◎◎**提示　转场时间的限制**

　转场是被应用到两个素材之间，因此，转场的持续时间必须短于素材的播放时间。

04 用另一种方法调整转场的播放时间。单击故事板上方的 ▣ 按钮，切换到时间轴视图，单击鼠标选中要调整播放时间的转场，如图 6-21 所示。

图 6-21　切换到时间轴视图，并单击选中需要修改的转场

05 拖动转场略图两侧的黄色标记改变其长度，如图 6-22 所示。

图 6-22　在时间轴模式下调整转场长度

06 调整完成后，单击【播放项目】按钮 ▣▶，查看改变转场时间长度后的效果。

6.3.4　删除转场效果

删除转场效果非常容易，可以使用以下三种方法删除转场。

1. 按 Delete 键删除转场

在故事板上单击鼠标选中一个转场效果，按 Delete 键即可完成删除操作，如图 6-23 所示。

图 6-23　按 Delete 键删除转场

2. 选择【删除】命令删除转场

在转场上单击鼠标右键，从弹出菜单中选择【删除】命令删除转场，如图 6-24 所示。

图 6-24　删除转场

3. 删除与转场相邻的素材

选中与转场相邻的一个素材片断，按 Delete 键删除素材，此时，与选中的素材相邻的两个转场也同时被删除，如图 6-25 所示。

图 6-25　以删除素材的方式删除转场

6.4　收藏常用转场和使用收藏转场

收藏夹是一个非常方便的功能，由于会声会影提供了上百种转场效果，而根据个人习惯，常用的转场效果的数量是有限的。在素材库的转场略图上单击鼠标右键，将喜欢的转场添加到收藏夹。需要使用时，在"收藏夹"中就可以快速找到常用的转场。

操作步骤

[01] 启动会声会影，单击素材库左侧的 [AB] 按钮显示转场素材库。

[02] 单击素材库右侧的三角按钮，从下拉列表中选择一个转场类别，如图 6-26 所示。

图 6-26　选择转场类别

[03] 在需要收藏的转场略图上单击鼠标右键，从弹出菜单中选择【添加到收藏夹】命令，或者单击素材库上方的【添加到收藏夹】按钮 ★，将选中的转场添加到收藏夹中，如图 6-27 所示。

图 6-27　把喜爱的转场添加到收藏夹

[04] 用同样的方式将其他常用转场效果添加到收藏夹中。添加完成后，在素材库列表中选择【收藏夹】，就可以查看并选择所收藏的转场效果，以后在使用转场效果时，可以直接在收藏夹中进行选择自己喜欢的转场效果，提高工作效率，如图 6-28 所示。

图 6-28　收藏夹中的常用转场效果

07

影片中的覆叠与透空运用

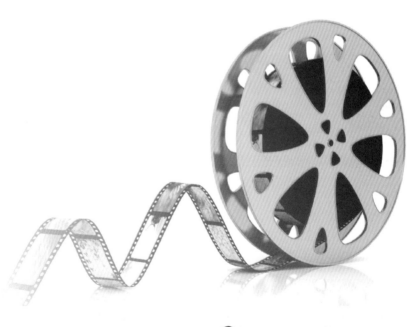

7.1 【覆叠】功能简介

在会声会影中，影片中叠加画面被称为【覆叠】，也就是在屏幕上同时展示多个画面效果。使用【覆叠】功能，在覆叠轨上插入图像或视频，使素材产生叠加效果。同时，还可以调整视频窗口的尺寸或者使它按照指定的路径移动。在影片制作中，最为常见的覆叠应用包括以下几种类型。

1. 多画面

多画面就是画中画效果，是指一个母画面（窗口）中包括一个或多个子画面，子画面可以有各种各样的变形、缩放和运动，如图 7-1 所示。多画面可以在同一窗口中表现完全不同的时空、动作和不同的内容。

图 7-1　多画面效果

一般来说，两个画面的制作较为简单，复杂的多画面效果需要依赖专业的编辑或者效果合成器实现。会声会影 X5 中，也可以轻松实现多画面叠加效果。

2. 画面叠加

画面叠加是指两个以上镜头叠加在一个画面上，形成一个新的镜头画面，常用来表现回忆、联想、梦境、幻觉，以及时光流逝的感觉等，如图 7-2 所示。画面叠加分为单层画面叠加、双层画面叠加和多层画面叠加，多层画面叠加常用来表现混乱、烦杂的效果。

图 7-2　画面叠加

3. 抠像

抠像是一种非常有用的特效，它使用特殊色彩（通常是蓝色或绿色）作为背景来衬托前景的人或物。如蓝屏抠像，前景画面的蓝背景被新画面替换而不影响前景画面的主体，如图 7-3 所

示。典型的实例是气象预报员站在卫星运图前，就是利用抠像实现的。

图 7-3　抠像叠加

4. 遮罩

遮罩的作用是遮住画面某一部分，分为动态遮罩和静态遮罩。其原理就是把具有 Alpha 通道的（也就是背景为空的）图形或视频，叠加在某个画面上，利用 Alpha 通道抠像实现遮罩的效果。遮罩的主要作用是重点突出和修饰被显示的部分，或者遮住某部分以便添加其他对象，如图 7-4 所示。

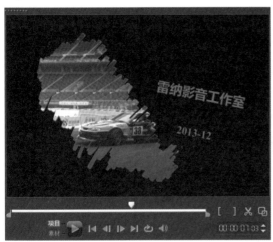
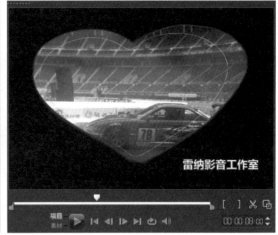

图 7-4　遮罩叠加

7.2 【覆叠】功能应用基础

会声会影提供了 1 个视频轨、20 个覆叠轨和 2 个标题轨，增强了多画面叠加与运动的方便性。首先，介绍如何将素材添加到覆叠轨中。

7.2.1 使用轨道管理器

轨道管理器用于创建和管理多个覆叠轨，可以根据影片的需要来增加或者减少操作界面上显示的覆叠轨的数量。

操作步骤

01 单击视频轨上方的 按钮，切换到时间轴模式，在默认设置下，界面上只显示一条覆叠轨，如图 7-5 所示。

图 7-5　切换到时间轴模式

02 单击时间轴上方的 按钮，打开【轨道管理器】，如图 7-6 所示。

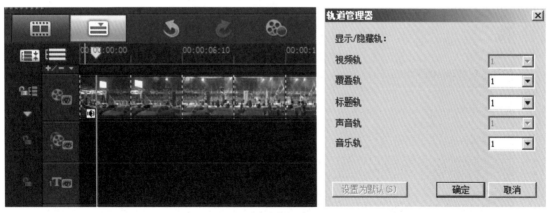

图 7-6　打开【轨道管理器】

03 点击 按钮，根据影片编辑的需要在下拉列表中选择各个轨道的数量后单击 确定 按钮，如图 7-7 所示。

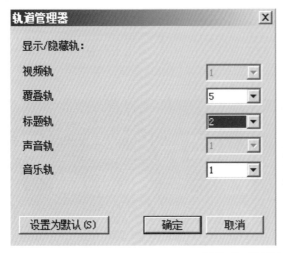

图 7-7　添加了多个覆叠轨

7.2.2　把素材添加覆叠轨上

在会声会影中可以将视频素材、图像素材、色彩素材或者 Flash 动画添加到覆叠轨上，也可以将对象和边框添加到覆叠轨。下面介绍添加最基本的添加方法。

操作步骤

[01] 打开会声会影，并点击视频轨上方的 ⬚ 按钮，切换到时间轴模式，如图 7-8 所示。

图 7-8　切换到时间轴模式

[02] 单击素材库左侧的 ⬚ 按钮，并在素材库下拉列表中选择【边框】，显示边框素材，如图 7-9 所示。

图 7-9 显示素材库中的边框素材

03 在素材库中选中一个边框素材，按住并拖动鼠标，从素材库拖动到覆叠轨上，释放鼠标，即可把素材添加到覆叠轨上，如图 7-10 所示。

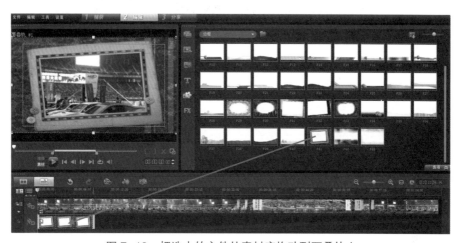

图 7-10 把选中的文件从素材库拖动到覆叠轨上

04 拖动覆叠素材右侧的黄色标记，调整覆叠素材的长度，使它与视频素材相适应，如图 7-11 所示。单击 按钮，可以看到在影片中添加覆叠素材的效果。

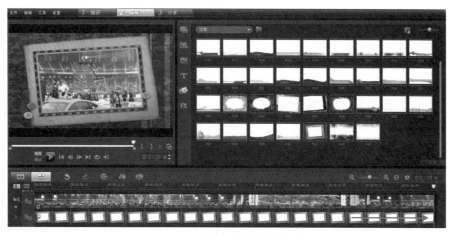

图 7-11 调整覆叠素材的长度

7.3 覆叠选项面板功能详解

1. 基本覆叠属性设置面板

在会声会影中，想要通过覆叠轨制作出各种不同的效果，可以通过在选项面板上调整参数来实现。在覆叠轨上单击鼠标选中覆叠素材，然后单击 [选项 ∧] 按钮展开选项面板，其中的各项参数如图 7-12 所示，其功能见表 7-1。

图 7-12 影片覆叠的选项面板

表 7-1 影片覆叠选项面板中各项参数的功能

参 数	功 能
遮罩和色度键	单击 按钮，在高级覆叠属性设置面板上设置覆叠素材的透明度、透空等属性
对齐选项	单击 按钮，在弹出菜单中选择相应的命令，调整覆叠素材的位置、大小
替换上一个滤镜	选中该复选框，新的滤镜将替换原先存在的滤镜。取消选中该复选框，可在覆叠素材上应用多个滤镜
滤镜列表	显示已经应用到覆叠素材上的所有视频滤镜
预设	单击三角按钮，展开预设列表
自定义滤镜	单击 按钮，在弹出的对话框中可以自定义滤镜属性
进入	设置素材进入画面的方向
退出	设置素材离开画面的方向
淡入	按下 按钮，覆叠素材以逐渐清晰显示的方式进入画面
淡出	按下 按钮，覆叠素材以逐渐透明化显示的方式离开画面
暂停区间前的旋转	按下 按钮，在覆叠画面进入画面时应用旋转效果
暂停区间后的旋转	按下 按钮，在覆叠画面离开画面之前应用旋转效果
显示网格线	选中该复选框，将在预览窗口中显示网格线，精确控制素材变形的位置
网格线选项	选中【显示网格线】复选框后，单击此按钮，设置网格线的属性

2. 高级覆叠属性设置面板

单击【遮罩和色度键】按钮 ，选项面板如图 7-13 所示，设置覆叠素材的高级属性。其各项参数的功能见表 7-2。

图 7-13 【遮罩和色度键】设置面板

表 7-2 【遮罩和色度键】设置面板中各项参数的功能

参　数	功　能
透明度	设置覆叠素材的透明度。拖动滑动条或输入数值，调整透明度
边框	为覆叠素材添加边框并设置边框的宽度
边框色彩	单击色彩框，选择边框的颜色
应用覆叠选项	选中该复选框时，设置色度键覆叠或者遮罩帧覆叠
类型	单击右侧的三角按钮，从下拉列表中选择透空素材的方式
相似度	指定要渲染为透明的色彩的选择范围。单击右侧的色彩框，选择要渲染为透明的颜色。单击按钮，在覆叠素材中选取色彩
宽度和高度	调整【宽度】和【高度】中的数值，对覆叠素材进行修剪
覆叠预览	显示覆叠素材调整之前的原貌，方便比较调整后的效果

7.4 【覆叠】效果基本运用

　　视频叠加是影片中常用的一种编辑手法，会声会影提供了很多种叠加方式，如色度键透空叠加、遮罩透空叠加、边框叠加以及动画叠加等。下面介绍覆叠效果在影片中的典型应用方法。

7.4.1 覆叠素材使用技巧

　　在覆叠轨上添加素材后，可利用前面介绍的各种按钮调整覆叠素材在画面上的位置、尺寸、变形、边框及边框颜色、运动方式、进出视频的方式，方便灵活地叠加画面。首先，介绍手动调整的方法。

操作步骤

01 打开会声会影新建项目或打开存储的项目继续编辑，添加一个视频、图像、Flash 动画等素材到覆叠轨，如图 7-14 所示。

图 7-14　添加素材到覆叠轨

02 将鼠标指针置于覆叠素材之上，按住并拖动鼠标移动覆叠轨上的素材，调整它与视频轨上素材的对应位置，如果是图像素材可以拖动两边黄色的边缘线随意改变长度，如图 7-15 所示。

图 7-15　调整覆叠素材的位置及长度

03 在覆叠素材上单击鼠标，使它处于编辑状态。这时，预览窗口的覆叠素材四周显示出控制点，如图 7-16 所示。

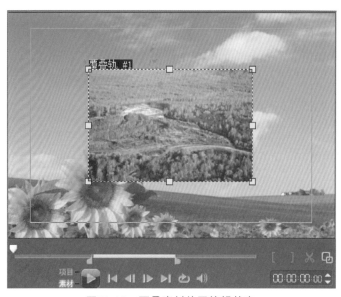

图 7-16　覆叠素材处于编辑状态

04 在预览窗口中，将鼠标指针放置在控制点包围的区域内，按住并拖动鼠标调整覆叠素材的位置，如图 7-17 所示。

图 7-17　调整覆叠素材的位置

05 在预览窗口中拖动黄色控制点，调整覆叠素材的大小，如图 7-18 所示。

图 7-18　调整覆叠素材的位置

06 双击覆叠轨的素材，打开选项面板，在"方向／样式"中，分别点击"进入"和"退出"中的方向按钮，选择覆叠素材进出视频画面的方法，如图 7-19 所示的选择会产生如图 7-20 的效果。另外点击"〓"按钮，可以设置覆叠素材旋转效果。

图 7-19　设置覆叠素材的运动方向

图 7-20　覆叠素材从画面的左上角进入并从画面的右下角退出

07 点击"　"遮罩和色度键按钮，打开如图 7-21 对话窗，点击"边框"按钮右侧　的按钮为覆叠素材添加边框并调整边框的宽度，点击"边框色彩"按钮，选取边框颜色，添加边框后在预览窗口中可以看到实际效果，如图 7-22 所示。

图 7-21　参数调整

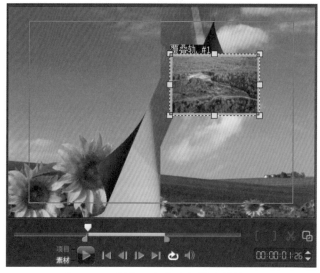

图 7-22　添加了灰色边框的覆叠效果

08 在预览窗口中拖动四角的绿色控制点，使覆叠素材产生变形，用这种方式，可以使它与视频轨上的其他素材完美地结合在一起，如图 7-23 所示。

图 7-23　使覆叠素材产生变形

7.4.2　使用覆叠素材快捷菜单

除了手动调整覆叠素材的大小和位置，还可以通过快捷菜单快速调整。

操作步骤

01 分别在视频轨和覆叠轨上添加素材，然后单击覆叠轨上的素材，使它处于编辑状态，如图 7-24 所示。

图 7-24　使覆叠素材处于编辑状态

02 在预览窗口中拖动覆叠素材四角任意一个绿色控制点，使素材产生变形，然后在覆叠素材上单击鼠标右键，从弹出菜单中选择【重置变形】命令，倾斜变形后的素材被恢复到未变形状态，如图 7-25 所示。

图 7-25　重置变形

03 在覆叠素材上单击鼠标右键，从弹出菜单中选择【调整到屏幕大小】命令，覆叠素材自动被调整到屏幕大小，如图 7-26 所示。

图 7-26　调整到屏幕大小

> ◎◎◎**提示**　恢复原始素材的宽高比
>
> 在右键菜单中选择【保持宽高比】命令，素材被恢复到原始的宽高比例。

04 在右键菜单中选择【默认大小】命令，覆叠素材被恢复到会声会影默认的尺寸，如图 7-27 所示。

图 7-27　恢复到默认尺寸

05 在右键菜单中选择【停靠在底部】/【居右】命令，覆叠素材被移动到整个画面底部居右的位置，如图 7-28 所示。

图 7-28　快速调整覆叠素材的位置

◎◎◎**提示**　**将覆叠素材调整到原始尺寸**

　　在右键菜单中选择【原始大小】命令，素材将以原始像素尺寸显示。

◎◎◎**提示**　**其他几种快速定位方式**

　　在右键菜单中选择【停靠在顶部】、【停靠在中央】或者【停靠在底部】命令，然后从子菜单中选择【居左】、【居中】或者【居右】命令，使覆叠素材快速定位到指定的位置。

7.4.3 在影片中叠加透空对象

【对象】是指边缘透空的一些装饰物件，它可以使影片变得有趣而富于变化。在会声会影中可以轻易地添加一些预设对象，如图 7-29 所示。

图 7-29　在影片画面中添加装饰物

操作步骤

01 添加素材到视频轨，单击素材库左侧的【图形】按钮 ，在素材库下拉菜单中选择【对象】，显示【对象】素材库，如图 7-30 所示。

图 7-30　显示【对象】素材库

02 在素材库中选择一个要使用的对象，将选中的对象拖曳到覆叠轨上，并将它移动到与视频轨上的素材对应的合适位置，然后拖曳两端的黄色标记调整覆叠素材的长度，如图 7-31 所示。

图 7-31 将对象添加到覆叠轨并调整它的位置和长度

03 在预览窗口中将对象移动到合适的位置，然后拖动控制点调整它的大小和位置，如图 7-32 所示。

图 7-32 调整覆叠素材的大小和位置

04 双击刚才添加到覆叠轨上的对象素材打开选项面板，在【方向／样式】栏中为添加的对象指定运动属性，使对象在视频中移动，如图 7-33 所示。

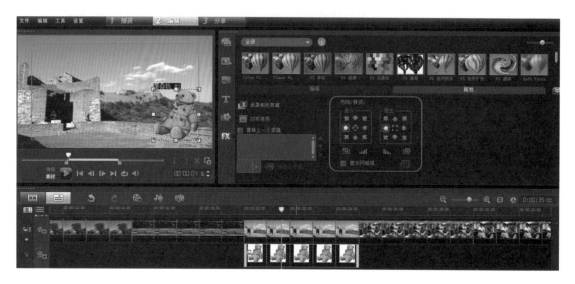

图 7-33　覆叠素材指定运动方式

05 会声会影允许在同一段视频画面中添加多个覆叠对象素材，如需添加多个对象，可点击编辑轨左上角的"▤"按钮打开轨道管理器，并将覆叠轨数量修改为"2"或更多，然后按下"确定按钮"。

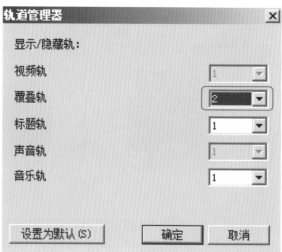

图 7-34　增加覆叠轨

06 重复第 1、2 步动作，将对象素材添加到第二个覆叠轨，并调整素材在轨道上的长度和位置，如图 7-35 所示。

图 7-35　添加多个对象到覆叠轨

07 在预览窗口中分别点击不同的对象，使处于编辑状态，然后调整对象的大小及位置，调整完成后，单击预览窗口下方的【播放项目】按钮，查看影片中添加的对象效果，如图 7-36 所示。

图 7-36　多个覆叠素材的预览效果

7.4.4　若隐若现的半透明画面叠加

这里所介绍的画面叠加效果，是指视频轨上的素材与覆叠轨上的素材以半透明的形式重叠在一起，显示出若隐若现的画面叠加效果，如图 7-37 所示。

图 7-37　画面叠加的半透明效果

操作步骤

01 打开会声会影，分别在视频轨和覆叠轨上添加了素材，如图 7-38 所示。

图 7-38　添加覆叠素材

02 在预览窗口的覆叠素材上单击鼠标右键，从弹出菜单选择【调整到屏幕大小】命令，如果需要可继续使用保持宽高比命令，使覆叠素材很好地适合屏幕，如图 7-39 所示。

图 7-39　调整覆叠素材尺寸

03 在覆叠轨的素材上单击鼠标，或在预览窗口双击素材，使它处于编辑状态，然后单击 **选项 ⌃** 按钮展开选项面板。如图 7-40 所示。

图 7-40 打开选项面板"属性"选项卡

04 在选项面板的【属性】选项卡中单击 **遮罩和色度键** 按钮，打开遮罩和色度键面板，如图 7-41 所示。

图 7-41 遮罩和色度键

05 在选项面板上拖动滑块调整【透明度】，比如设置为 50，即可看到影片中应用的画面叠加效果，如图 7-42 所示。

图 7-42 在选项面板上设置【透明度】

06 设置完成后单击预览窗口下方的【播放项目】按钮 ，可查看半透明叠加的影片效果，如图 7-43 所示。

图 7-43　在预览窗口中查看效果

7.4.5　透空叠加 Flash 动画

在会声会影中，可以把以透明方式储存的 Flash 对象或素材添加到视频轨或者覆叠轨上，制作出卡通式的覆叠效果，使影片变得更加生动。

操作步骤

01 单击素材库左侧的【图形】按钮，在素材库下拉菜单中选择【Flash 动画】，显示【Flash 动画】素材库，如图 7-44 所示。

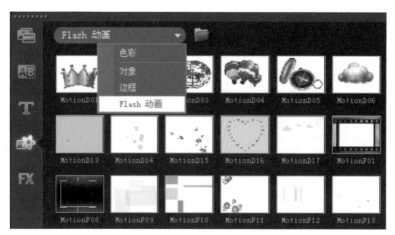

图 7-44　显示【Flash 动画】素材库

02 将素材库中需要使用的 Flash 动画拖曳到覆叠轨上，并将它移动到与视频轨上的素材对应的合适位置，然后拖曳两端的黄色标记调整覆叠素材的长度。在这里添加了一个下雨云朵的动画，如图 7-45 所示。

图 7-45 将 Flash 动画添加到覆叠轨并调整它的位置和长度

03 点击覆叠轨上的 Flash 动画素材，使之处于编辑状态，然后在预览窗口中，调整动画素材在画面叠加的位置、大小、移动方式等，完成后，单击预览窗口下方的【播放项目】按钮 ，即可看到影片中添加的透空 Flash 动画效果，如图 7-46 所示。

图 7-46 在影片中添加的透空 Flash 动画的效果

7.4.6 影片中画中画制作实例

画中画是一个非常常见的使用手法，特别是在新闻制作时，如图 7-47 所示就是一种通常采用的画中画效果。下面介绍利用覆叠轨制作画中画的基本方法。

图 7-47 为画中画添加边框

操作步骤

01 打开会声会影，并在视频轨及覆叠轨上添加素材，覆叠轨的素材即为影片中画中画的素材，如图 7-48 所示。

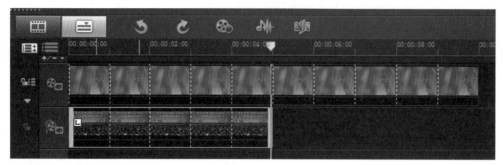

图 7-48　打开项目文件

02 点击覆叠轨素材，将它移动到与视频轨上的素材对应的合适位置，然后拖曳两端的黄色标记调整覆叠素材的长度使之与实际影片相适应，如图 7-49 所示。

图 7-49　调整覆叠轨在轨道中的位置与长度

03 在预览窗口中调整覆叠素材在影片中的大小、位置、变形等，如图 7-50 所示。

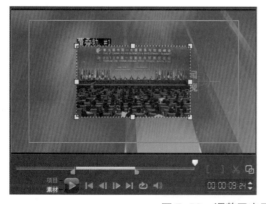

图 7-50　调整画中画的位置与画面大小

04 画中画出现在影片中，可以是硬切（直接出现）的方式，也可以是运动的方式出现和消失，双击覆叠轨素材，在素材库中快速打开选项按钮，在"方向／样式"中分别对画中画进入和退出做出选择。可在预览窗口中查看实际效果并根据该效果进行调，如图 7-51 所示。

图 7-51　在方向／样式中点击按钮进行运动方式的设置

05 为画中画添加边框会使得素材更加清晰地与背景分离，可以为画中画添加边框，点击图 7-52 中的"遮罩和色度键"按钮打开参数设置，根据前面介绍的方法设置边框的宽度数值及边框颜色，如图 7-52 所示。

图 7-52　设置边框宽度和颜色

06 完成设置后，点击选项面板右上方的"⊗"按钮关闭"遮罩和色度键"设置页面，点击预览窗口下的项目播放按钮，查看影片效果，如图 7-53 所示。

图 7-53　实际的预览效果

7.4.7 为覆叠素材添加边框

在制作影片特别是相片 DVD 时，为使得影片看起来更加生动，可以为影片叠加边框，这些边框模板，会声会影提供了很多边框素材，在为影片添加边框时，直接将边框素材添加到覆叠轨进行制作，下面，介绍利用覆叠轨添加边框的方法。

操作步骤

01 打开会声会影，将视频或照片素材添加到视频轨，如图 7-54 所示。

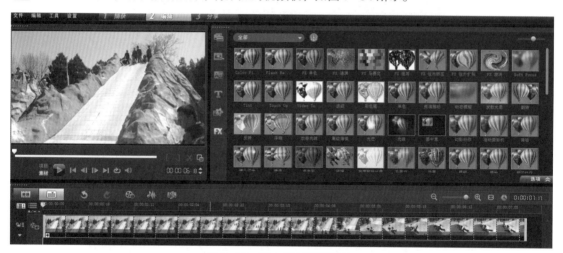

图 7-54　添加素材到视频轨

02 单击素材库左侧的【图形】按钮 ，在素材库下拉菜单中选择【边框】，显示【边框】素材库，如图 7-55 所示。

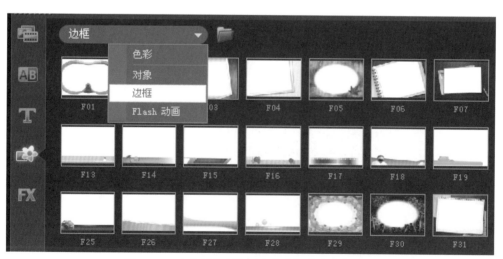

图 7-55　在素材库下拉列表中选择【边框】命令

03 将素材库中需要使用的边框拖曳到覆叠轨上，并将它移动到与视频轨上的素材对应的合适位置，然后拖曳两端的黄色标记调整覆叠素材的长度，如图 7-56 所示。

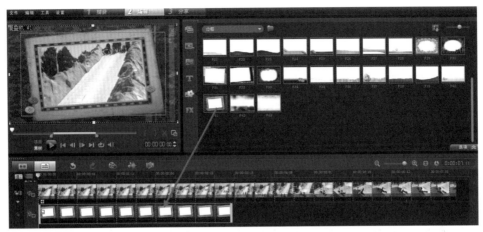

图 7-56　将边框添加到覆叠轨并调整它的位置和长度

04 用同样的方式，可添加多个类型的边框添加到覆叠轨上，如图 7-57 所示。

图 7-57　添加新的边框

05 添加完成后，单击预览窗口下方的【播放项目】按钮 项目 ，查看影片中添加的透空边框的效果，如图 7-58 所示。

图 7-58　在影片中添加透空边框

7.5 【覆叠】效果高级运用

下面，将介绍更加高级的覆叠应用，它们将使影片效果更加生动、出色。

7.5.1 复制和粘贴素材属性

会声会影允许用户复制和粘贴覆叠素材的属性，这样对于多个素材，只要对其中一个素材进行设置，然后将这些设置通过粘贴的方法复制到其他素材中，更好地提高影片编辑的效率。

操作步骤

01 打开会声会影，并向视频轨和覆叠轨中添加素材，如图 7-59 所示。

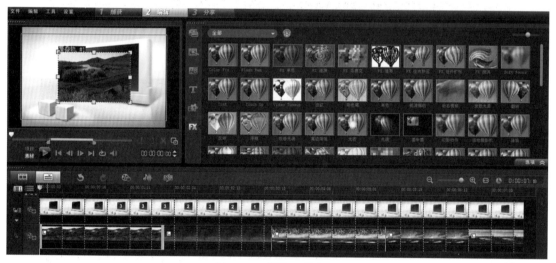

图 7-59　添加覆叠素材

02 注意图 7-59 中预览窗口中覆叠轨素材在影片中位置与大小，覆叠素材的每个角落都有绿色和黄色的控制点，拖动黄色控制点调整照片的大小，并拖动绿色的控制点使覆叠素材变形，与画面中"电视机"相吻合，使之嵌入到视频轨素材的"电视机"中，如图 7-60 所示。

图 7-60　拖动绿色控制点调整角度

03 素材除了变形效果外，还可以添加其他滤镜效果，在已经应用变形效果的覆叠素材上单击鼠标右键，从弹出菜单选择【复制属性】命令，如图 7-61 所示。

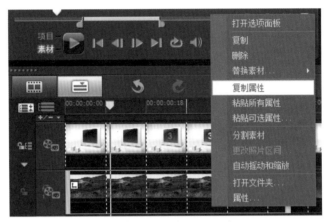

图 7-61　复制素材属性

04 按住 Shift 键单击其他覆叠素材，部分或全部选中。单击鼠标右键，从弹出菜单中选择【粘贴属性】命令，将复制的变形效果应用到所有选中的素材中，如图 7-62 所示。

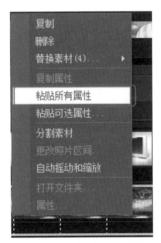

图 7-62　粘贴素材属性

05 粘贴属性后，不需要调整其他覆叠素材，就可以将同样的变形和滤镜效果应用到新的覆叠素材中，如图 7-63 所示。

图 7-63　素材变形叠加的影片效果

06 在粘贴属性时，也可以选择粘贴部分属性，在第 4 步骤中，单击鼠标右键，从弹出的菜单中，选择"粘贴可选属性"，如图 7-64 所示。

图 7-64　粘贴可选属性

07 在弹出的对话框中对需要粘贴的属性进行勾选，然后按下"确定"按钮，粘贴素材属性，如图 7-65 所示。

图 7-65　选择需要粘贴的属性

7.5.2　在覆叠素材上实现抠像功能

色度键功能就是通常所说的蓝屏、绿屏抠像功能，可以使用蓝屏、绿屏或者其他任何颜色来进行视频抠像，虚拟出电视演播室效果，也可以制作出风格独特的 MTV 影片，建立专业的电视作品。

操作步骤

01 打将视频或图像素材添加到视频轨，并将绿背景视频素材或图像添加到覆叠轨上，如图 7-66 所示。

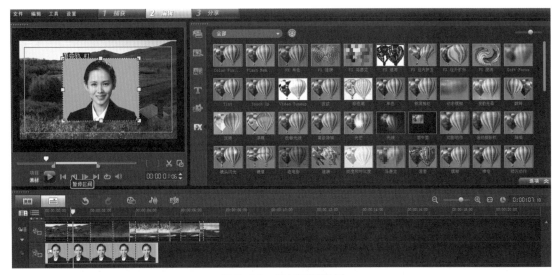

图 7-66　添加覆叠素材

02 在预览窗口中单击鼠标右键，利用控制点或用快捷键调整覆叠素材在视频画面上的大小、位置、变形等，如图 7-67 所示。

图 7-67　调整覆叠素材大小、位置、变形等

03 双击覆叠轨上素材，打开选项面板，单击选项面板上的 遮罩和色度键 按钮，打开覆叠选项面板，如图 7-68 所示。

图 7-68　打开选项面板及覆叠选项面板

04 选中【应用覆叠选项】复选框，在【类型】下拉列表框中选择【色度键】选项，如图 7-69 所示。

图 7-69 选择【色度键】选项

05 单击【色彩框】，选择要被渲染为透明的颜色，可以看到使用色度键透空背景的效果，如图 7-70 所示。

图 7-70 使用色度键透空背景的效果

06 单击预览窗口下方的【播放项目】按钮，可看到色度键透空的覆叠素材在影片中的效果，如图 7-71 所示。

图 7-71 色度键透空的覆叠素材在影片中的效果

7.5.3 制作遮罩透空叠加效果

遮罩可以使视频轨和覆叠轨上的视频素材局部透空叠加，下面介绍用遮罩完成透空叠加的方法。

操作步骤

01 添加背景素材（视频图像均可以）到视频轨，并预先在覆叠轨上添加了覆叠素材，如图 7-72 所示。

图 7-72　添加素材到视频轨及覆叠轨

02 单击【覆叠】轨上的素材，使它处于编辑状态。在预览窗口中单击鼠标右键，从弹出菜单中分别选择【调整到屏幕大小】和【保持宽高比】命令，调整覆叠的素材尺寸，如图 7-73 所示。

图 7-73　调整覆叠素材的尺寸

03 选中覆叠轨素材,单击选项面板上的 选项 ⌃ 按钮展开选项面板。单击 ☰ 遮罩和色度键 按钮,打开覆叠选项面板。选中【应用覆叠选项】复选框,在【类型】下拉列表框中选择【遮罩帧】选项,如图 7-74 所示。

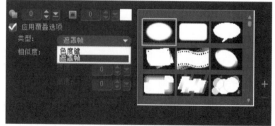

图 7-74　选择【遮罩帧】选项

04 在选项面板下方的遮罩略图中选择要使用的遮罩类型,如图 7-75 所示。

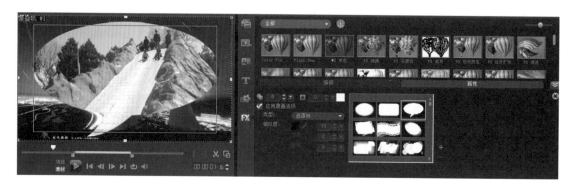

图 7-75　选择要使用的遮罩

05 用同样的方式为覆叠轨上的其他素材添加遮罩,单击预览窗口下方的【播放项目】按钮 项目 素材 ▶ ,即可看到用遮罩完成透空叠加的效果,如图 7-76 所示。

图 7-76　用遮罩完成透空叠加的效果

08

为影片添加标题和字幕

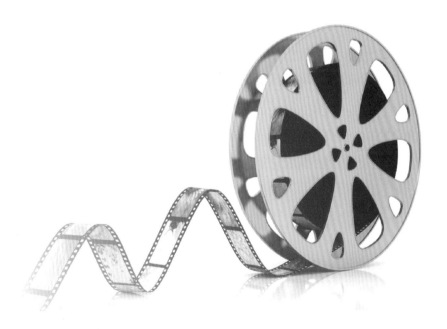

8.1 【标题】使用基础

【标题】步骤用于为影片添加文字说明，包括影片的片名、字幕等。影片中的说明性文字能够有效地帮助观众理解影片。在会声会影中可以用很短的时间创建出专业化的字幕。本章介绍在影片中添加标题的方法。

8.1.1 将预设标题添加到影片中

会声会影的素材库中提供了丰富的预设标题，可以直接将它们添加到标题轨上，然后修改标题的内容，使它们与影片融为一体。

操作步骤

01 添加素材到视频轨，或打开已经制作的项目文件，单击素材库左侧的【标题】按钮，在素材库中显示预设标题，如图 8-1 所示。

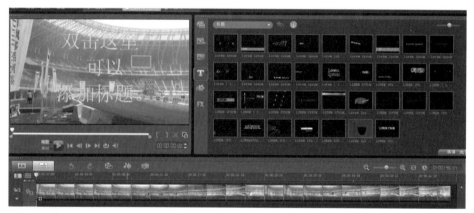

图 8-1　点击标题按钮

02 在素材库中选中需要使用的标题模板，拖曳到【标题轨】上，如图 8-2 所示。

图 8-2　将素材库中的预设标题添加到标题轨

03 在标题轨上选中已经添加的标题，然后在预览窗口中双击要修改的标题，使它处于编辑状态，并根据需要直接修改文字的内容，如图 8-3 所示。

图 8-3　修改标题内容

04 在选项面板上设置标题的字体、样式和对齐方式等属性，如图 8-4 所示。

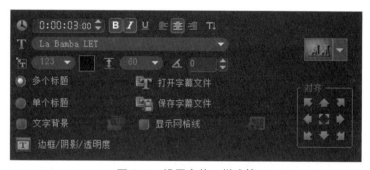

图 8-4　设置字体、样式等

05 在标题编辑区之外的区域单击鼠标，拖动标题四周的黄色控制点调整标题的大小；将鼠标指针放置在标题的编辑区中，按住并拖动鼠标调整标题的位置，如图 8-5 所示。

图 8-5　编辑预设标题

---

① ② ③ **提示**

更改标题的字体、大小和颜色等属性时，必须先选中需要修改的字符，然后在选项面板上设置属性。

---

06 在标题的编辑区域之外单击鼠标，结束标题调整工作。然后在标题轨上拖动右侧的黄色标记调整它的长度，如图 8-6 所示。制作完成可在预览窗口中观看效果。

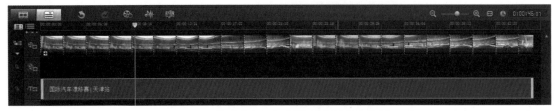

图 8-6　拖动黄色标记调整长度以适合素材

8.1.2　基本标题属性设置

在影片中添加标题后，通过选项面板上的各个按钮和选项设置来调整标题的属性。【标题】的选项面板如图 8-7 所示。

图 8-7　【标题】的选项面板

1. 区间 🕐 0:00:03:08

以"时：分：秒：帧"的形式显示标题的播放时间。可以通过修改时间码的值来调整标题在影片中播放时间的长短，也可以直接在标题轨中拖动标题两边的黄色标记来调整长短。

2. B I U 字体样式

为选中的文字设置粗体、斜体或下划线等效果。按下 B 按钮添加粗体效果，按下 I 按钮添加斜体效果，按下 U 按钮添加下划线效果。当前添加到文字中的字体样式相应的按钮以黄色的标记显示，在按钮上再次单击鼠标，取消应用的字体样式。

3. 对齐方式

设置多行文本的对齐方式，当前正在使用的对齐方式以黄色按钮显示。将鼠标指针放置于标题区内，单击 按钮，文字左对齐；单击 按钮，文字居中对齐；单击 按钮，文字右对齐。

4. 垂直文字

按下该按钮，使水平排列的标题变为垂直排列，如图 8-8 所示。

图 8-8　横排文字改垂直文字效果

5. ▉字体

在预览窗口中选中需要改变字体的文字，单击右侧的三角按钮，从图 8-9 所示的下拉列表中为预览窗口中选中的文字设置新的字体。也可以先在这里设置字体，然后输入新的文字。

> ◔◑◑◕**提示**
>
> 将新的字体复制并粘贴到文件夹 C:\WINDOWS\Fonts 中，就可以在会声会影中调用更多的字体。

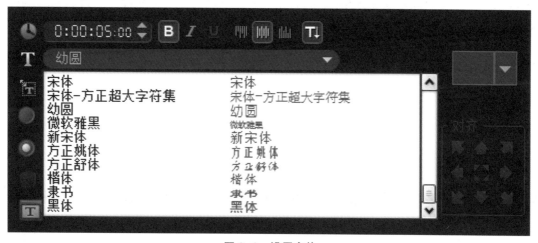

图 8-9　设置字体

6. ▉字体大小

在预览窗口中选中需要调整大小的文字，单击右侧的三角按钮，从下拉列表中指定标题中所选文字的尺寸。也可以直接在文本框中输入数值进行调整，字体大小在 1~200 之间。

7. ▉色彩

在预览窗口中选中需要调整色彩的文字，单击右侧的色彩方框，该色彩方块会随着选择的字体颜色变化，从弹出菜单中可以为选中的文字指定新的色彩。也可以从菜单中选择【Corel 色彩选取器】以及【Windows 色彩选取器】选项，在弹出的对话框中自定义色彩，如图 8-10 所示。

图 8-10　色彩选取器

8. 行间距

调整多行标题素材中两行之间的距离。在预览窗口中选中需要调整行间距的文字（必须是多行文字），单击【行间距】文本框右侧的三角按钮，从下拉列表中选择需要使用的行间距的数值或者在文本框中直接输入数值，即可改变选中的多行文本的行间距，如图 8-11 所示。

图 8-11　改变行间距

9. 角度

在 后的文本框中输入数值，可以调整文字的旋转角度，如图 8-12 所示。参数设置范围为 –359~359 度。

图 8-12　调整文字的角度

10. 多个标题

选中该单选钮，可以为文字使用多个文字框。多个标题能够更灵活地将文字中的不同单词放到视频帧的任何位置，并允许排列文字的叠放次序。

11. 单个标题

选中该单选钮，可以为文字使用单个文字框。在打开旧版本会声会影中编辑项目文件时，此单选钮会被自动选中。单个标题则可以方便地为影片创建开幕词和闭幕词。

12. 文字背景

选中该复选框，可以将文字放在一个色彩栏之上。单击右侧的按钮，在弹出的对话框中可以修改文字背景的属性，如色彩和透明度等，可以制作出右图所示的文字效果，如图 8-13 所示。

图 8-13　制作文字背景效果

13. 打开字幕文件

单击按钮，在弹出的对话框中选中一个 utf 格式的字幕文件，可以一次批量导入字幕。

14. 保存字幕文件

单击按钮，在弹出的对话框中将自定义的影片字幕保存为 utf 格式的字幕文件，以备将来使用。也可以修改并保存已经存在的 utf 字幕文件。

15. 显示网格线

选中该复选框，显示网格线。单击按钮，在弹出的对话框中设置网格大小、颜色等属性。

16. 边框 / 阴影 / 透明度

允许为文字添加阴影和边框，并调整透明度，如图 8-14 所示。在后面的章节中，还将以实例详细介绍【边框 / 阴影 / 透明度】的设置和使用方法。

图 8-14　设置边框 / 阴影 / 透明度

17. 对齐

设置文字在画面上的位置。单击相应的按钮，可以将文字对齐到左上角、上方中央、居中和右下角等位置。

8.1.3　设置动画属性

选择选项面板上的【属性】选项卡，如图 8-15 所示，点击"动画"前的复选框，可以设置动画属性。

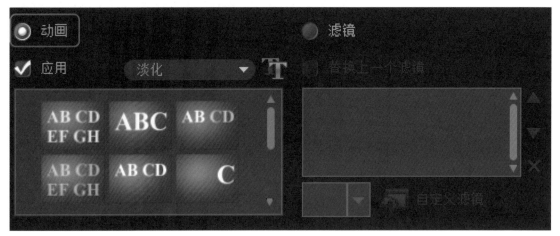

图 8-15　【属性】选项卡

1. 动画

选中该单选按钮，将启用动画标题功能。

2. 应用

选中该复选框，可以选择预设的动画效果，并将它应用到标题上。

3. 类型

单击右侧的三角按钮，从下拉列表中可以选择需要使用的标题运动类型，如图 8-16 所示。

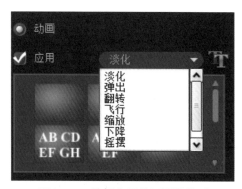

图 8-16   选择应用的标题的类型

4. 自定义动画属性

单击该按钮，在弹出的对话框中定义所选择的动画类型属性，如图 8-17 所示。

图 8-17   自定义动画属性

5. 滤镜

选中该单选按钮，素材库中将显示滤镜。可将滤镜直接拖拽到标题轨的标题上，可以对标题选用一个或多个滤镜，所有应用到标题上的滤镜会在这里显示，如图 8-18 所示。

图 8-18   对标题应用的滤镜

8.1.4   在影片中添加单个标题

单个标题一般用于字幕提示，例如影片名称、演职员表等等，在影片中添加单个标题的操作方法如下。

[01] 打开项目文件或新建项目文件并将素材添加到视频轨。

[02] 使用导览面板上的播放控制按钮，找到需要添加标题的帧的位置。然后单击素材库左侧的
【标题】按钮 ⊤ 进入添加和编辑标题步骤，如图 8-19 所示。

图 8-19　用播放控制按钮找到需要添加标题的帧的位置

[03] 在预览窗口中双击鼠标，进入标题编辑状态，输入标题内容，如图 8-20 中，如果预览窗口
为左侧图样式，则当前的标题为多个标题状态，请继续下一步操作，如图预览窗口为右侧图样式，
则表示当前为单个标题，请跳过第 4 步。

图 8-20　双击预览窗口输入文字

[04] 点击右侧选项面板上的"单个标题"选钮，如图 8-21 所示。

图 8-21　点击选中"单个标题"选项

在输入文字的过程中，按 Backspace 键可以删除错误输入的文字，按 Enter 键则可以换行输入。将鼠标指针放置在行的最前方，按 Enter 键可以使当前行向下移动。

预览窗口中有一个矩形框标出的区域，代表标题安全区。这是程序允许输入标题的范围，在这个范围内输入的文字才会正确显示。

05 选中输入的文字内容，根据需要在选项面板上设置文字的字体、大小和对齐方式等属性，如图 8-22 所示。

图 8-22　调整文字属性

06 设置完成后，在标题轨上单击鼠标，输入的文字将被添加到第二步中所设置的标题起始位置。

标题添加完成后，单击预览窗口下方的【播放项目】按钮 项目 ▶ ，即可查看标题在影片中的效果。如果需要编辑单个标题的属性，在标题轨上选中该标题素材，然后在预览窗口中单击鼠标使标题处于编辑状态。接着，在选项面板上调整标题属性。编辑完成后，在标题轨上单击鼠标即可应用修改。

如果需要在以后的影片中应用同样的标题效果，可以选中标题轨上的标题，按住并拖动鼠标将其拖曳到素材库中。这样，在下次使用时，只需要直接把它拖到标题轨上即可。

8.1.5　在影片中添加多个标题

【多个标题】可以更灵活地将不同的标题放到视频帧的任何位置，并以排列文字的叠放次序。

01 打开项目文件或新建项目文件并将素材添加到视频轨。

02 使用导览面板上的【播放素材】 项目 素材 ▶ 按钮，找到需要添加标题的帧的位置，单击素材库左侧的【标题】按钮 T 显示标题素材库，如图 8-23 所示。

图 8-23　显示标题素材库

03 在预览窗口中双击鼠标，进入标题编辑状态，选中选项面板上的【多个标题】单选钮，如图
8 – 24 所示。

图 8-24　点击选择"多个标题"

04 在预览窗口中再次双击鼠标，进入标题编辑状态，输入要添加的文字，并在选项面板上设置
文字的字体、大小和对齐方式等属性，如图 8-25 所示。

图 8-25　双击预览窗口输入标题

05 在其他需要添加标题的新位置再次双击鼠标，添加新的文字内容，并设置字体、大小和对齐方式等属性，如图 8-26 所示。用同样的方式，在一帧画面上添加更多的标题内容。

图 8-26　添加新的标题内容

06 输入完成后，在标题框上单击鼠标，使它的四周出现控制点。拖动黄色控制点调整标题的大小；将鼠标放置在控制点包围的区域中，按住并拖动鼠标调整标题的位置，如图 8-27 所示。

图 8-27　调整标题位置、大小等

07 在标题轨上单击鼠标，输入的文字将被添加到第二步中所设置的标题起始位置。

> **提示**
>
> 　　标题输入完成后，如果需要编辑多个标题属性，可以在标题轨上选中该标题素材，然后在预览窗口中单击鼠标进入标题编辑模式，在要编辑的标题框中双击鼠标，使标题处于编辑状态。在选项面板上调整标题属性。编辑完成后，在标题轨上单击鼠标即可应用修改。

8.1.6 应用预设特效

前面的范例主要是以手工设置的方法调整标题的属性。使用会声会影的预设特效模板，可以快速制作文字特效。下面将介绍使用预设特效、调整标题在影片中的对应位置，以及精确控制标题长度的方法。

01 打开项目文件或将素材添加到编辑轨道上，这里包括了已经制作好的标题素材。

02 在标题轨的素材上单击鼠标，然后在预览窗口的标题上单击鼠标，使它处于编辑状态，如图 8-28 所示。

图 8-28　使标题处于编辑状态

03 打开选项面板，并单击选项面板上预设标题右侧的三角按钮，在下拉列表中单击使用的预设特效，将它应用到当前标题中，如图 8-29 所示。

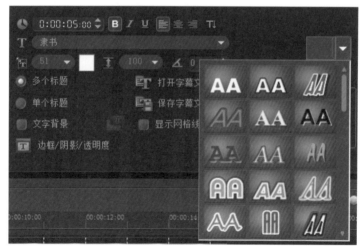

图 8-29　点击"▼"按钮，选择并应用预设文字特效

04 在选项面板上单击字体右侧的三角按钮，从下拉列表中选择新的字体，如图 8-30 所示。

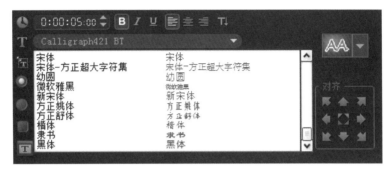

图 8-30　修改字体

> **提示**
>
> 　　由于预设模板中使用的都是英文字体，应用预设特效时，原先输入的标题被应用英文字体。因此，应用预设特效后，还需要在选项面板上重新设置字体。

05 标题属性调整完成后，在标题轨上单击鼠标应用调整后的效果，预览窗口可以看到实际的效果，如图 8-31 所示。使用相同的方法，将其他预设文字特效应用到标题中。

图 8-31　单击标题轨素材，应用特效

8.2　调整标题

　　将字幕添加到标题轨上以后，还可以调整标题的一些基本属性。下面介绍一些基本的调整方法。

8.2.1 调整标题的播放时间

标题添加到标题轨中以后，标题的播放时间默认与添加的图片默认时间一致，影片一般都需要对标题的播放时间进行调整，以适应素材的内容，如果需要调整标题的播放时间，可以使用以下两种方法。

1. 调整时间码

在标题轨上双击需要调整的标题打开选项面板，在选项面板的【区间】中调整时间码，从而改变标题在影片中的播放时间，如图 8-32 所示。

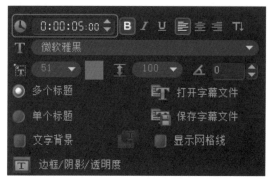

图 8-32　调整时间码

2. 以拖曳的方式调整

选中添加到标题轨中的标题，将鼠标指针放在当前选中的标题的一端，鼠标指针变为箭头标志。按住并拖动鼠标，改变标题持续的时间，如图 8-33 所示。选项面板的区间中的数值将产生相应的变化。

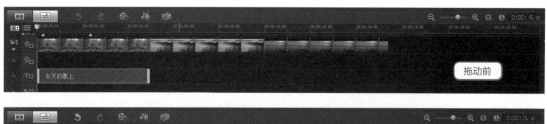

图 8-33　改变标题的播放时间

8.2.2 调整标题在影片中位置

如果需要调整标题在影片中对应的位置，可以按照以下的步骤操作。

01 打开项目文件或向编辑轨中添加标题及其他素材。

02 通过调整视频轨上方的【缩放到】按钮，放置标题的位置对应的视频素材在视频轨上显示出来。

03 单击鼠标选中希望移动的标题，将鼠标指针放置在标题上方，鼠标指针显示为十字形光标，按住并拖动鼠标将标题拖曳到需要放置的位置，然后释放鼠标，如图 8-34 所示。

图 8-34　调整标题的位置

8.2.3　旋转标题

会声会影 X5 提供了文字旋转功能，极大地提高了影片的趣味性。

01 打开项目文件或向编辑轨上添加了标题和其他素材，如图 8-35 所示。

图 8-35　打开项目文件

02 在标题轨的素材上双击鼠标，然后在预览窗口中单击想要调整角度的标题（如果有多个标题），使它处于编辑状态，如图 8-36 所示。

图 8-36　选中要编辑的标题

03 在选项面板上后 ◢ 的文本框中输入数值，调整文字的旋转角度，如图 8-37 所示。

图 8-37　旋转文字

04 使用相同的方法，在预览窗口中调整另一组文字的旋转角度，如图 8-38 所示，调整完成后，单击 按钮，就可以看到影片中倾斜的标题效果。

图 8-38 调整另一个标题文字的旋转角度

8.2.4 为标题添加边框

使用选项面板上的【边框 / 阴影 / 透明度】功能，快速为标题添加边框、改变透明度和柔和程度或者添加阴影。首先，介绍为文字添加边框的方法和它的应用效果。

01 打开项目文件或将素材分别添加到视频轨及标题轨，如图 8-39 所示。

图 8-39 打开项目文件

02 单击标题轨上的素材，在预览窗口的标题上单击鼠标，使它处于编辑状态，如图 8-40 所示。

图 8-40　使标题处于编辑状态

03 单击选项面板上的 边框/阴影/透明度 按钮，打开【边框 / 阴影 / 透明度】对话框。

04 在 3.0 中输入数值调整边框的宽度，为标题添加边框，如图 8-41 所示。

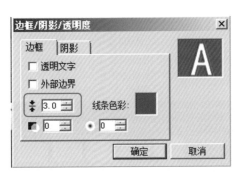

图 8-41　为标题添加边框

05 单击【线条色彩】右侧的颜色方框，从弹出的下拉列表中选择一种新的边框颜色应用到标题中，如图 8-42 所示。

图 8-42　应用新的边框颜色

06 选中 ☑**透明文字** 选项，使标题文字透空显示，只保留文字边框，如图 8-43 所示。

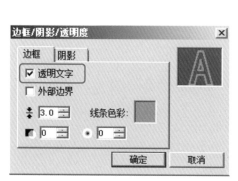

图 8-43　透空标题文字

07 在 ⊙ 50 ⚌ 中输入数值，调整边框的柔化程度，使标题出现光芒效果，如图 8-44 所示。

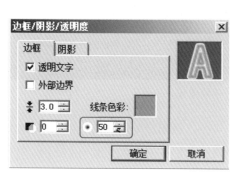
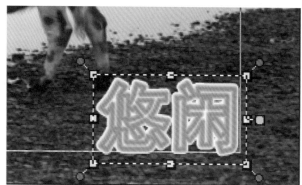

图 8-44　设置边框的边缘柔化属性

08 在 ▮ 50 ⚌ 中输入数值，调整边框的半透明程度，使标题呈现出半透明效果，如图 8-45 所示。

图 8-45　设置边框的半透明属性

09 设置完成后，单击 确定 按钮，然后在标题轨上单击鼠标，将调整后的标题应用到影片中。

8.2.5 为标题添加阴影

为标题添加阴影可以更好地区分文字和视频，使文字显得更加清晰。下面，介绍为标题添加阴影效果的方法。

01 单击标题轨上的素材，然后单击预览窗口中的标题，使它的四周显示控制点，如图 8-46 所示。

图 8-46　点击标题素材使之处于编辑状态

02 单击选项面板上的 边框/阴影/透明度 按钮，打开【边框 / 阴影 / 透明度】对话框，并在对话框中选择【阴影】选项卡，如图 8-47 所示。在预设状态下，对话框中按下 A（无阴影）按钮，标题中没有应用任何阴影效果。

图 8-47　预设的"无阴影"效果

03 按下 A（下垂阴影）按钮，输入 X 和 Y 坐标值，调整阴影的位置；在 20 中输入数值调整阴影的透明度；在 5 中输入数值调整阴影的边缘柔化程度；单击色彩方框，在弹出菜单中选择阴影的颜色，如图 8-48 所示。

图 8-48　应用下垂阴影效果

04 按下对话框中的"光晕阴影"按钮，应用光晕阴影效果，在文字周围加入扩散的光晕区域。单击对话框中的色彩方框，在弹出菜单中选择新的颜色，指定光晕阴影的色彩。如果使用较亮的色彩，文字看起来好像会发光，如图 8-49 所示。

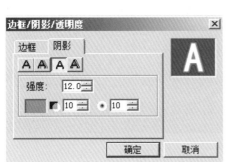

图 8-49　应用光晕阴影效果

05 按下对话框中的"突起阴影"按钮，应用突起阴影效果，如图 8-50 所示。调整突起阴影的色彩，还可以改变 X/Y 偏移量为文字加入深度，让它看起来具有立体外观。

图 8-50　应用突起阴影效果

06 设置完成后，单击对话框中的 确定 按钮，即可将阴影效果添加到标题中。

8.2.6 添加背景形状

在会声会影 X5 中为标题添加背景形状，根据影片编辑的需要选择椭圆、矩形、曲边矩形、圆角矩形等多种形状的背景应用到标题中。

操作步骤

01 打开项目文件或将素材添加到相应的轨道，如图 8-51 所示。

图 8-51　打开项目文件

02 单击标题轨上的素材，然后单击预览窗口中的标题，使它处于编辑状态。

03 选中选项面板上的【文字背景】复选框，在标题上应用预设的单色背景效果，如图 8-52 所示。

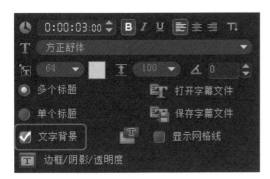

图 8-52　应用预设的单色背景效果

04 单击【文字背景】右侧的▣按钮，单击【与文本相符】下方的三角按钮，从下拉列表中选择要使用的背景形状。在【放大】中输入数值，指定背景形状相对于文字的放大比率，如图 8-53 所示。

图 8-53　选择要使用的背景形状

05 选中【单色背景栏】选项，用单色作为整个背景的颜色，如图 8-54 所示。

图 8-54　更改背景类型

06 单击【单色】右侧的色彩方框，指定需要使用的背景色，如图 8-55 所示。

图 8-55　更改背景颜色

07 选中对话框中的【渐变】选项，应用渐变背景。单击【渐变】右侧的色彩方框，在弹出的下拉列表中选择需要使用的渐变色，如图 8-56 所示。按下↓→按钮，改变渐变色的方向。

图 8-56　选择背景渐变色

08 在【透明度】中输入数值调整渐变背景的透明度，如图 8-57 所示。

图 8-57　调整渐变色的透明度

09 单击 确定 按钮，将带有背景形状的文字应用到影片中。

8.3　制作动画标题

在影片中创建标题后，还可以为标题添加动画效果，下面将介绍添加和编辑动画标题的方法。

8.3.1　应用预设动画标题

预设的动画标题是会声会影内置的一些动画模板，使用它们可以快速创建动画标题，具体的使用方法如下。

01 打开项目文件或向编辑轨上添加视频、标题等，单击标题轨上的素材，然后再次单击预览窗口中的标题，使它处于编辑状态，如图 8-58 所示。

图 8-58 使标题处于编辑状态

02 选择选项面板上的【属性】选项卡，选中【动画】和【应用】选项。单击【类型】右侧的三角按钮，从下拉列表中选择一种动画类型，例如"翻转"，如图 8-59 所示。

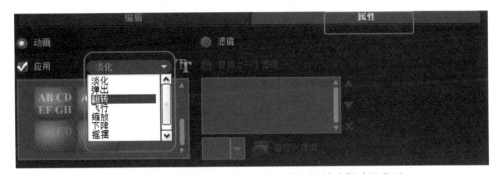

图 8-59 在属性选项卡中，勾选"动画"并选择动画类型

03 在图 8-60 所示的预设列表中选择要使用的预设模板类型。设置完成后，单击【播放项目】按钮 即可看到运动的标题效果。

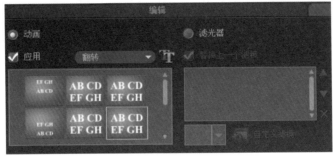

图 8-60 选择预设模板类型

8.4 滚动标题制作实例

8.4.1 如何制作向上滚动的字幕

在影片中经常会制作一些向上滚动的字幕，使用会声会影可以轻松完成专业的效果。

01 打开配套光盘中的项目文件或添加视频素材到编辑轨，拖动时间轴上方的滑块到想要添加滚动字幕的位置，表示字幕将从这里开始，如图 8-61 所示。

图 8-61　打开项目文件

02 单击素材库左侧的 **T** 按钮，在预览窗口中双击鼠标进入标题编辑状态。在选项面板上选中【单个标题】，根据需要自行设定字体、字号、色彩。例如将字体设置为【微软黑体】，【大小】设置为 22，色彩设为白色，如图 8-62 所示。

图 8-62　设置标题大小、字体、色彩

03 在预览窗口中输入标题内容，或者计算机的资源管理打开预先做好的字幕文件，按快捷键 Ctrl+A 选中所有文字，再按快捷键 Ctrl+C 将选中的文字复制到剪贴板，如图 8-63 所示。

图 8-63　选中并复制所有文字

04 在预览窗口中单击鼠标，然后按快捷键 Ctrl+V，将复制的文字内容粘贴到预览窗口中，如图 8-64 所示。

图 8-64　将文字内容粘贴到预览窗口中

05 为了使文字更加清晰地显示出来，按下选项面板上的 边框/阴影/透明度 按钮，在弹出的对话框中为标题设置阴影属性，如图 8-65 所示。

图 8-65　为标题添加阴影

06 按下选项面板上的 ▣ 按钮，调整文字的对齐方式，再在 ▣ 160 ▾ 中输入数值，调整行间距，如图 8-66 所示。

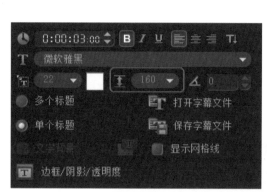

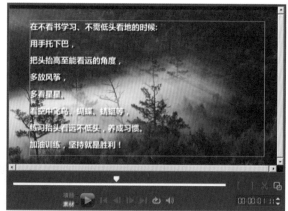

图 8-66　调整文字对齐方式和行间距

07 选择选项面板上的【属性】选项卡，然后选中【动画】和【应用】选项，并将类型设置为【飞行】，如图 8-67 所示。

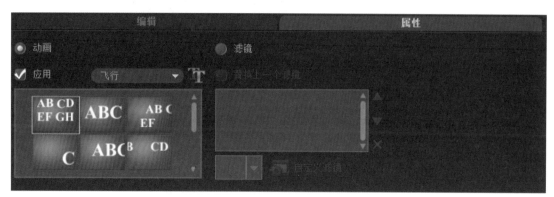

图 8-67　选择要使用的动画类型

08 单击【自定义动画属性】按钮■，在弹出的对话框中设置文字运动的方式，剪头方向表示字幕在画面上的运动方向，如图 8-68 所示。

图 8-68　设置文字运动的方式

09 设置完成后，单击"确定"按钮，然后在标题轨上单击鼠标完成标题添加工作。在标题轨上选中添加完成的标题，拖动右侧的黄色标记调整标题的长度，改变标题滚动的速度，如图 8-69 所示。

图 8-69　拖动黄色标记调整标题滚动的速度

10 单击【播放项目】按钮■■，查看字幕从下向上滚动播放的效果，如图 8-70 所示。

图 8-70　字幕的滚动播出效果

8.4.2　如何制作跑马灯字幕

跑马灯字幕也是影片中常见的移动运动文字效果，文字从屏幕的一端向另一端滚动播出。

01 打开项目文件，或将素材添加到编辑轨，并在标题轨上添加需要滚动的标题，单击标题轨上的素材，然后单击预览窗口中的标题，使它处于编辑状态，如图 8-71 所示。

图 8-71　使标题处于编辑状态

02 为使得字幕更加醒目和清晰，可以为字幕添加背景，选中选项面板上的【文字背景】，应用预设的单色背景效果，如图 8-72 所示。

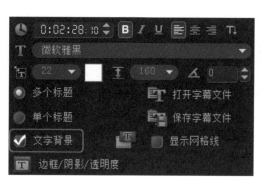

图 8-72　应用预设的单色背景效果

03 单击 按钮，在弹出的对话框中为背景指定新的颜色。然后在【透明度】中输入数值指定单色背景的透明度，如图 8-73 所示。设置完成后，单击【确定】按钮。

图 8-73　更改背景透明度和背景颜色

04 选择选项面板上的【属性】选项卡，选中【动画】和【应用】选项，并将类型设置为【飞行】，如图 8-74 所示。

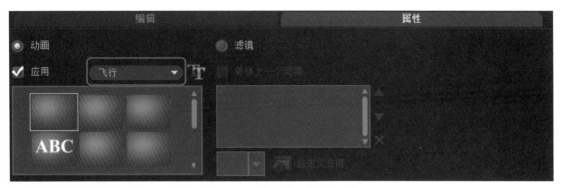

图 8-74　设置动画类型为飞行

05 单击【自定义动画属性】按钮 **T**，在弹出的对话框中设置文字运动的方式，如图 8-75 所示。设置完成后，单击【确定】按钮。

图 8-75　设置文字运动的方式

06 单击【播放项目】按钮 ▶，就可以查看跑马灯字幕从右向左滚动播放的效果，如图 8-76 所示。

图 8-76　跑马灯字幕效果

8.5　如何制作卡拉 OK 同步字幕

　　会声会影提供了打开字幕文件的功能，这样，就能够一次批量导入字幕，适用于导入歌词，使歌词与音乐完美而快速地配合。下面，详细介绍在会声会影中制作卡拉 OK 字幕的完整流程。

8.5.1 歌曲准备

首先准备好音乐文件，文件格式可以是最为流行的 mp3 格式文件也可以是其他会声会影支持的音乐格式，或者直接从网络上下载要使用的歌曲，将准备好的音乐文件保存在计算机中，并记住保存路径，以便会声会影调用，如图 8-77 所示。

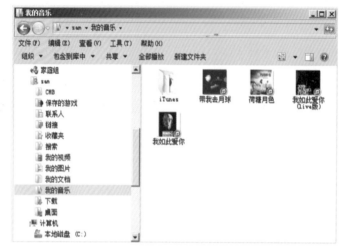

图 8-77　准备音乐文件保存在计算机中

8.5.2 下载 LAC 歌词

接着，下载 LRC 字幕，本例使用百度搜索引擎来下载歌曲的 LRC 歌词。

操作步骤

01 打开浏览器，并在浏览器的地址栏中输入 "http://music.baidu.com" 打开百度音乐搜索，界面如图 8-78 所示。

图 8-78　百度音乐搜索

02 在页面百度搜索栏中输入歌曲名称，例如"荷塘月色"，然后按下" 百度一下 "搜索按钮，页面会列出与"荷塘月色"有关的歌曲，点击页面中【歌词】按钮，如图 8-79 所示。

图 8-79　点击【歌词】

03 在新打开的歌词窗口中点击"下载 LRC 歌词"按钮，浏览器会自动下载并保存在默认的路径中，如图 8-80 所示。

图 8-80　点击"下载 LRC 歌词"按钮

04 或者在图 8-80 中右键单击并在弹出的菜单列表中选择"目标另存为"命令，根据页面的提示将歌词保存在指定的目录。如图 8-81 所示。

图 8-81　保存到指定的目录

05 打开浏览器下载文件保存目录或前面指定的保存路径，查看已经下载的 LRC 歌词，如图 8-82 所示。

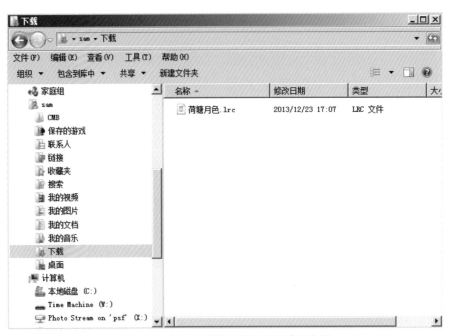

图 8-82　打开下载默认路径查看歌词文件

06 点击歌词文件，计算机会自动打开文件，这里可以查看歌词内容是否正确，如图 8-83 所示，文件中"[00:20.01]"表示这段歌词出现的时间，将来会声会影会根据这个时间点来分别将每一句歌词插入标题轨中。

图 8-83　查看歌词的内容

8.5.3　下载歌词转换器

现在，已经下载了容易找到的 LRC 字幕。但会声会影并不能直接调用 LRC 歌词，需要将它转换成会声会影能够认知的"UTF"格式，因此还需要下载"LRC 歌词文件转换器"，将 LRC 歌词转换为会声会影支持的 UTF 格式。

操作步骤

`01` 登陆百度搜索引擎 http://www.baidu.com.cn/，在搜索栏中输入要查找的软件名称"LRC 歌词文件转换器"。

`02` 单击【百度一下】按钮，页面中显示软件"LRC 歌词文件转换器"的下载页面链接，如图 8-84 所示。

图 8-84　找到歌词转换器下载页面

[03] 根据相关页面的提示信息，下载并安装"LRC 歌词文件转换器"。

8.5.4 转换歌词格式

下面介绍利用该软件进行歌词格式的转化。

操作步骤

[01] 启动"LRC 歌词文件转换器"，如图 8-85 所示。

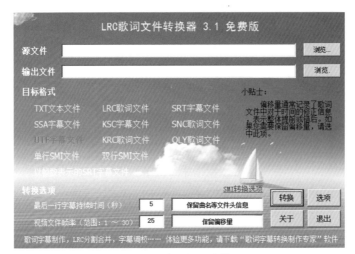

图 8-85 "LRC 歌词文件转换器"界面

[02] 分别点击"源文件"及"输出文件"右侧的" 浏览... "按钮，并按软件提示找到要转换格式的 LRC 文件，及将要转换成 UTF 格式的文件保存路径，如图 8-86 所示。

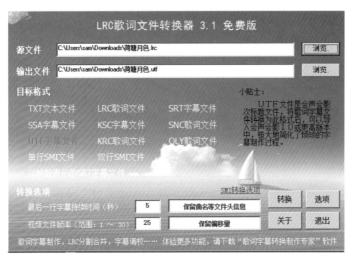

图 8-86 指定源文件和输出文件的路径和名称

[03] 单击 转换 按钮，将 LRC 文件转换为 UTF 文件。转换完成后，单击 确定 按钮完成，退出软件，如图 8-87 所示。

图 8-87　转换为指定的文件格式

8.5.5　添加字幕文件

前文已经准备好了歌曲文件及 UTF 格式的歌词，下面介绍卡拉 OK 字幕的制作方法。

操作步骤

01 启动会声会影 X5，并将视图模式调整为时间轴模式。

02 将先前准备的音乐文件"荷塘月色 .mp3"拖曳到音频轨上，并点击时间轴上的"🔲"按钮，使得轨道上的素材全部显示，如图 8-88 所示。

图 8-88　添加音乐文件

03 在视频轨上添加需要使用的视频或者图像素材。根据需要在素材之间添加转场效果，修整素材使之刚才添加的音乐文件长度一致，如图 8-89 所示。

图 8-89　添加视频或图像素材

04 单击素材库左侧的"标题"按钮，进入标题编辑模块。单击选项按钮显示选项面板，然后单击选项面板上的"打开字幕文件"按钮，如图 8-90 所示。

图 8-90　单击"打开字幕文件"按钮

05 在弹出的对话框中选中先前转换完成的 UTF 格式的字幕文件，并在对话框下方设置字体、字体大小、颜色、边界色彩等属性，然后按下"确定"按钮，如图 8-91 所示。

图 8-91　指定字幕文件并设置字体参数

06 会声会影会显示图 8-92 所示的信息提示窗口。

图 8-92　显示信息提示窗口

07 单击图 8-92 中的"　确定　"按钮，歌词被自动插入到标题轨上，并与歌曲中的唱词一一对应，如图 8-93 所示。

图 8-93　歌词自动插入到标题轨

08 单击【播放项目】按钮 查看制作完成的卡拉 OK 同步字幕效果，如图 8-94 所示。

图 8-94　查看制作完成的卡拉 OK 同步字幕效果

8.5.6　修改字幕属性

卡拉 OK 字幕在标题轨上实际上是一个个的标题出现的，每一句歌词就是一个标题，利用属性复制和粘贴的方法，可以让一首歌的歌词很轻松地修改全部字幕的属性，下面介绍修改方法。

操作步骤

01 打开包含卡拉 OK 字幕的项目文件，或接着前文的操作继续。
02 双击标题轨上任意一个标题，使之处于编辑状态，如图 8-95 所示。

图 8-95　选中题轨一个标题使之处于编辑状态

03 根据前文介绍的方法，修改字幕文字的大小、字体、颜色、添加阴影、文字背景等，如图 8-96 所示。

图 8-96　修改标题属性

04 鼠标右键点击刚才修改好的标题素材，并在弹出的菜单列表中，选择"复制属性"命令，如图 8-97 所示。

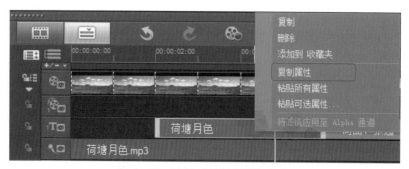

图 8-97 选择"复制属性"命令

05 利用 Shift 键将标题轨上的所有素材全部选中，然后按下鼠标右键，在弹出的下拉列表中，选择"粘贴所有属性"命令，如图 8-98 所示。

图 8-98 粘贴所有属性

06 经过以上的操作，整个歌曲的歌词字幕属性将被统一成一种格式。点击预览窗口的" "按钮，查看效果，如图 8-99 所示。

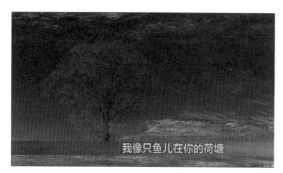

图 8-99 查看制作完成的卡拉 OK 同步字幕效果

09

影片中的配音与配乐

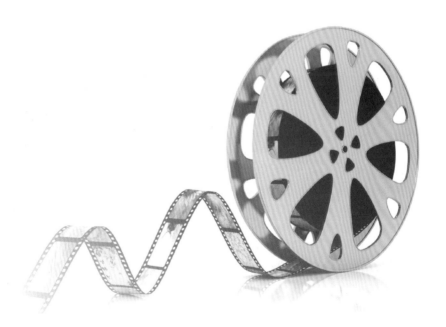

9.1 声音和音乐功能简介

使用会声会影的【音频】功能，为影片添加旁白、背景音乐或者对声音素材进行调整。会声会影将音频文件分为声音和音乐两种类型，这是为了更加明确地区分它们的功能，也便于在声音轨和音乐轨之间制作混合效果。从添加的音频文件的性质上来说，声音和音乐是相同的。下面介绍在会声会影中添加和编辑声音文件的方法。

9.2 在影片中添加声音素材

将声音添加到影片中的方法与添加视频的方法类似，从素材库中直接拖拽声音文件到音乐轨或声音轨，也可以把硬盘或光盘上的声音文件添加到影片中。除此之外，还可以通过话筒录制画外音或者从 CD 音乐光盘上截取音频素材，甚至可以从视频文件中获取音频素材。下面介绍从各种不同的来源为影片添加音频素材的方法。

9.2.1 从素材库添加声音

从素材库添加声音是最基本的操作，使用这种方法，将声音素材添加到素材库中，在今后的操作中快速调用。如果需要从素材库添加声音，可以按照以下的步骤操作。

操作步骤

01 在视频轨上添加影片中需要的视频或者图像素材。

02 单击素材库上方的【显示音频文件】按钮♪，使它处于♪金色显亮状态，在素材库中显示【音频】素材，如图 9-1 所示。

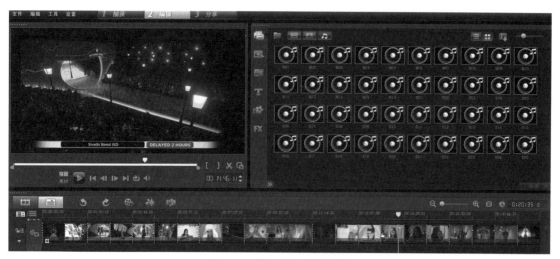

图 9-1 进入【音频】素材

03 选中素材库中的一个声音文件，按住并拖动鼠标将其放置到【声音轨】或【音乐轨】上，释放鼠标，就完成了从素材库添加声音的操作，如图 9-2 所示。

图 9-2　从素材库添加声音

9.2.2　从文件添加声音

如果保存到硬盘中的声音文件只需要应用到当前影片中，而不需要添加到素材库中，按照以下介绍的方法直接将声音文件添加到影片中。

操作步骤

01 打开 Windows 资源管理器，找到音乐文件存放的文件夹，如图 9-3 所示。

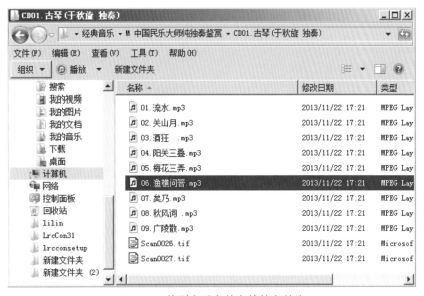

图 9-3　找到音乐文件存放的文件夹

02 缩小显示 Windows 资源管理器窗口，并将它置于会声会影软件界面上方，按住并拖动鼠标，将选中的音乐文件直接从资源管理器拖动到会声会影的声音轨或者音乐轨上，如图 9-4 所示。

图 9-4　将声音文件直接添加到会声会影中

9.3　为影片录制画外音

为了方便用户为影片配音，会声会影提供了直接录制画外音的功能。下面，介绍具体的设置和使用方法。

提示

要录制声音，首先需要准备一个麦克风并将它与计算机正确连接，将麦克风的插头插入声卡的 Line in 或者 Mic（Microphone）接口。

9.4　为影片配音

正确连接设备并保证设备正常运行后，就可以按照以下的方法为影片配音。

操作步骤

01 单击视频轨上方的【时间轴视图】按钮，切换到时间轴模式。

02 拖动时间标尺上的当前位置标记，把它放置到需要录音的起始位置，如图 9-5 所示。

图 9-5　定位到要录音的位置

03 单击时间轴上方的【录制 / 捕获】按钮 ⚙，如图 9-6 所示。

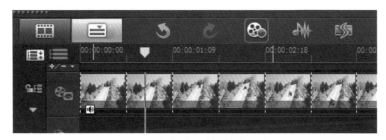

图 9-6　点击【录制 / 捕获】按钮

04 在随后打开的【录制 / 捕获选项】对话框中单击【画外音】按钮 🔊，如图 9-7 所示。

图 9-7　在【录制 / 捕获选项】面板单击【画外音】按钮

05 在弹出的【调整音量】对话框中测试音量的大小。测试音量时，对话框中的指示格会变亮，指示格上的刻度表明音量的大小，如图 9-8 所示。

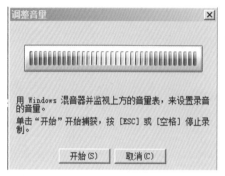

图 9-8　测试音量大小

06 根据需要调整音量大小，然后在【调整音量】对话框中单击 [开始(S)] 按钮开始录音，这时，可以在预览窗口中查看当前视频的位置，以确保录制的声音与视频同步，如图 9-9 所示。

图 9-9　在录音时可以查看画面的对应位置

07 结束录制时，按 Esc 键或 Space 键，录制的声音将被添加到指定的位置，如图 9-10 所示。

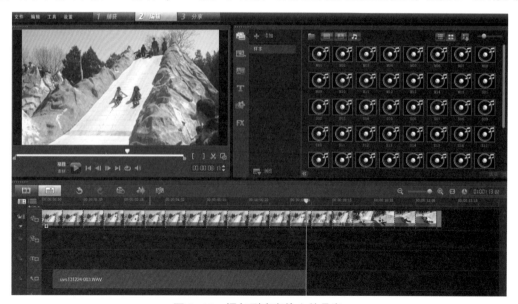

图 9-10　添加到声音轨上的录音

9.5 从音频 CD 导入音乐

使用会声会影，可以将音乐 CD 上的曲目转换为 WAV 格式保存到硬盘上，也可以将转换后的音频文件直接添加到当前项目文件中。

操作步骤

01 将要录制的音乐 CD 放入光盘驱动器，单击时间轴上方的【录制 / 捕获选项】按钮，打开【录制 / 捕获选项】对话框。

02 单击对话框中的【从音频 CD 导入】按钮，打开【转存 CD 音频】对话框，如图 9-11 所示。

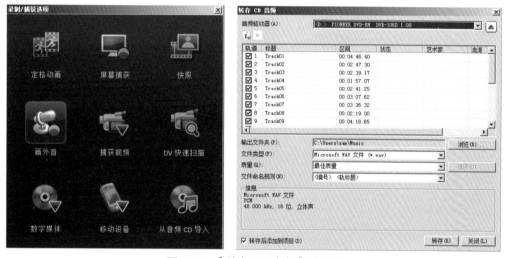

图 9-11 【转存 CD 音频】对话框

03 在对话框中选中一个曲目，然后单击▶按钮试听音乐效果。试听完成后，选中需要的曲目，如图 9-12 所示。

图 9-12 选中要转存的曲目

04 单击【输出文件夹】右侧的 ▢浏览(B)...▢ 按钮，在弹出的图 9-13 所示的对话框中指定转存后的音频文件的保存路径。

图 9-13　指定音频文件的保存路径

05 单击【质量】右侧的三角按钮，从图 9-14 所示的下拉列表中选择转换后的声音文件的质量。

输出文件夹(P)：	C:\Users\sam\Music\		浏览(B)...
文件类型(F)：	Microsoft WAV 文件 (*.wav)	▼	
质量(Q)：	最佳质量	▼	选项(0)...
文件命名规则(N)：	最佳质量		
	更高质量		
	好质量		
	自定义		

信息
Microsoft WAV 文件
PCM
48.000 kHz, 16 位, 立体声

图 9-14　选择声音文件的质量

06 勾选"保存 CD 音频"对话框左下角的【转存后添加到项目】，这样当 CD 音频抓取完成后自动会添加到音频轨，如图 9-15 所示。

输出文件夹(P)：	C:\Users\sam\Music\		浏览(B)...
文件类型(F)：	Microsoft WAV 文件 (*.wav)	▼	
质量(Q)：	最佳质量	▼	选项(0)...
文件命名规则(N)：	最佳质量		
	更高质量		
	好质量		
	自定义		

信息
Microsoft WAV 文件
PCM
48.000 kHz, 16 位, 立体声

☑ 转存后添加到项目(D)　　　　　　　　转存(R)　　关闭(L)

图 9-15　勾选【转存后添加到项目】

07 单击 转存(R) 按钮，选中的曲目将按照指定的格式和命名方式保存到硬盘上。转存完成后，单击 关闭(L) 按钮关闭对话框，如图 9-16 所示。

图 9-16 转存 CD 中的音乐

9.6 从视频中分离音频素材

在编辑影片时，有时需要将音频从影片中分离，然后替换原先的音频或者对音频部分做进一步的单独调整。这时，可以使用分割音频功能直接从视频分离音轨。通过这样的方式，也可以将其他影片中的对白、音乐直接添加到自己的影片中。

操作步骤

01 将视频文件添加到视频轨，如图 9-17 所示。

图 9-17 添加视频素材

02 双击视频轨上的视频素材打开选项面板，或在视频轨的素材上单击鼠标，然后单击素材库右下角的 选项 ⌃ 按钮，显示选项面板，如图 9-18 所示。

图 9-18　显示选项面板

03 单击选项面板上的 分割音频 按钮，如图 9-19 所示。

图 9-19　点击分割音频按钮

04 影片中的音频部分将与视频分离，并自动添加到声音轨上。这时，视频素材中已经不包含声音。这样就可以对音频素材进行单独编辑了，如图 9-20 所示。

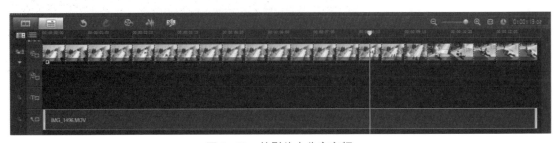

图 9-20　从影片中分离音频

⊕⊖⊘⊙ **提示**

在视频轨的素材上单击鼠标右键，从弹出菜单中选择【分割音频】命令，也可以从素材中分离音频，并自动添加到声音轨上，如图 9-21 所示。

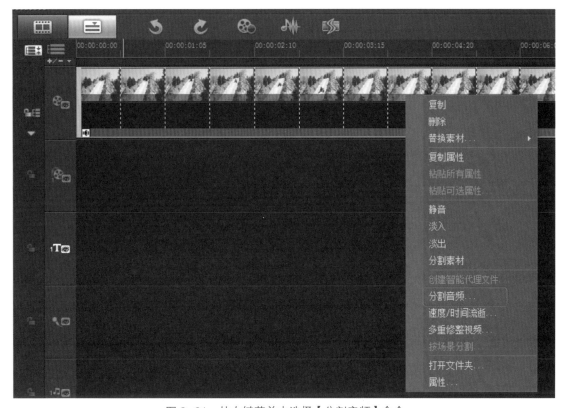

图 9-21　从右键菜单中选择【分割音频】命令

9.7　【音频】选项面板详解

在声音轨或者音乐轨上添加素材以后，双击该素材可以快速打开选项面板，【声音和音乐】的选项面板如图 9-22 所示。

图 9-22　【音频】模块的选项面板

【音乐和声音】选项卡上各个按钮、选项的名称和功能见表 9-1。

表 9-1 【音乐和声音】选项卡上各个按钮、选项的名称和功能

名　称	功　能
0:04:12:05 区间	从左至右的各组数据是依次以"时：分：秒：帧"的形式显示音频素材的播放时间，可以输入一个区间值来调整音频素材的长度
◀) 100 音量	单击右侧的三角按钮，在弹出窗口中可以拖动滑块以百分比的形式调整视频和音频素材的音量
淡入和 淡出	按下按钮，使所选择的声音素材的开始部分的音量逐渐增大。按下按钮，使所选择的声音素材的结束部分的音量逐渐减小
速度 / 时间流逝	单击按钮，在打开的对话框中修改音频素材的速度和区间
音频滤镜	单击按钮，将打开【音频滤镜】对话框，从中选择并将音频滤镜应用到所选的音频素材上

9.8　为影片自动配乐

单击时间轴上方的【自动音乐】按钮，软件会自动进行音乐库的下载，等待下载并安装完成，当然，也可以跳过升级安装音乐素材库，会声会影安装完成会自带几个音乐素材，如图 9-23 所示。

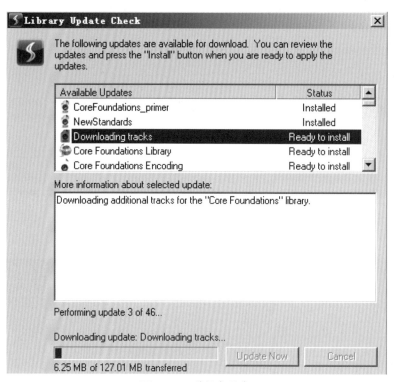

图 9-23　升级音乐库

升级完成后会自动打开自动音乐选项面板如图 9-24 所示。在【自动音乐】选项卡中从音频库里选择音乐轨并自动与影片相配合。下面，介绍在会声会影 X5 中使用自动音乐的方法。

图 9-24 【自动音乐】选项卡

操作步骤

01 在视频轨上添加影片中需要的视频或者图像素材，然后单击时间轴上方的【自动音乐】按钮
，打开【自动音乐】选项面板。

02 在选项面板上单击【范围】右侧的三角按钮，从图 9-25 所示的下拉列表中选择【Owned Titles】（自有）选项，使【库】中列出当前系统中已经安装的音乐的素材库。

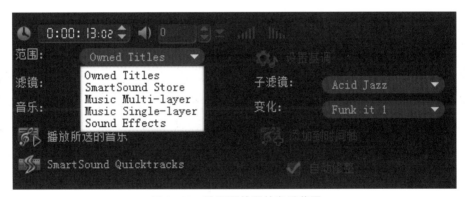

图 9-25 设置要使用的音乐范围

03 单击【滤镜】右侧的三角按钮，从下拉列表中选择音乐风格，如图 9-26 所示。

图 9-26 选择变化效果

04 在【音乐】列表中选择需要使用的音乐，单击【播放所选的音乐】按钮 试听效果，如图 9-27 所示。

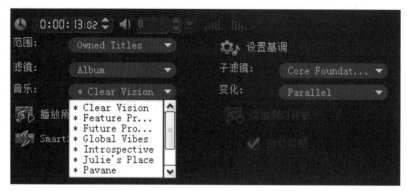

图 9-27　从音乐库中选择音乐

提示

单击【子滤镜】以及【变化】右侧的三角按钮，针对当前音乐进一步选择变化风格。

---

05 选中选项面板上的【自动修整】选项，然后单击【添加到时间轴】 按钮，所选择的音乐将自动添加到时间轴的音乐轨上，如图 9-28 所示。

图 9-28　将自动音乐添加到时间轴

06 在时间轴上选中添加完成的自动音乐，然后可以在选项面板上设置音量、淡入、淡出等属性。在此之间，这几个按钮是灰色不可使用的，如图 9-29 所示。

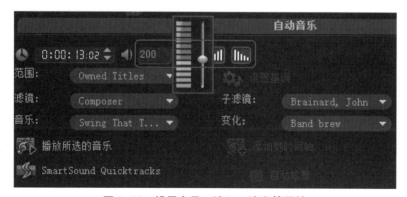

图 9-29　设置音量、淡入、淡出等属性

9.9 修剪音频素材

将声音或背景音乐添加到声音轨或音乐轨后，根据影片的需要修整音频素材。可使用以下的方法之一来修整音频素材。

9.9.1 使用略图修剪

使用略图修整素材是最为快捷和直观的修整方式，缺点是不容易精确控制修剪的位置。如果需要使用略图修剪素材，可以按照以下的步骤操作。

操作步骤

01 选中需要修剪的素材，选中的视频素材两端以黄色标记表示。

02 在黄色标记上按住并拖动鼠标改变选中的素材的长度，如图 9-30 所示。这时，选项面板的【区间】中将显示调整后的音频素材的长度。

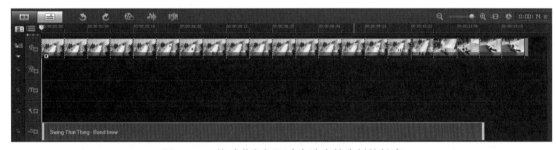

图 9-30　拖动黄色标记改变选中的素材的长度

03 调整完成后，可以看到修整后的音频素材的效果，如图 9-31 所示。

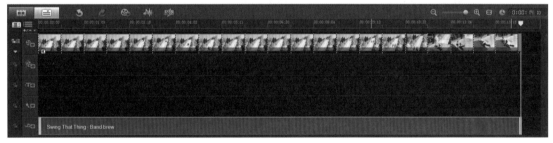

图 9-31　修整后的音频素材

> **提示**
>
> 为了避免音频修整后开始或结束位置过于生硬，可以按下选项面板上的 ▮▮▮ 淡出按钮，使音乐在结尾部分声音逐渐变小。或者按下 ▮▮▮ 淡入按钮，使开始部分的音量逐渐增大。

9.9.2 使用区间修剪

使用区间进行修剪可以精确控制声音或音乐的播放时间。如果对整个影片的播放时间有严

格的限制，可以使用区间修整的方式来调整。如果需要使用区间修剪音频素材，可以按照以下的步骤操作。

操作步骤

01 双击相应的音频轨上需要修整的素材，打开选项面板，选项面板的【区间】中显示当前选中的音频素材的长度，如图 9-32 所示。

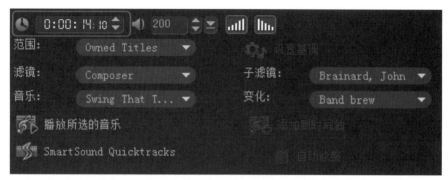

图 9-32 【区间】中显示当前选中的音频素材的长度

02 单击时间格上需要更改的数值，通过单击区间右侧的上下箭头来增加或减少素材的长度。也可以直接在相应的时间格中输入数值，调整声音素材的长度，如图 9-33 所示。

图 9-33 输入数值调整声音素材的长度

03 输入完成后，在选项面板的空白区域单击鼠标，程序将自动按照指定的数值在音频素材的结束位置增加或减少素材的长度。

> **提示**
> 修整的音频最大长度不能超过音乐本身的长度，否则输入的数字无效，如使用略图拖动的方式，最多也就是将音乐素材拖动到原始音乐的长度。

9.9.3 使用修整栏修整

使用修整栏和预览栏修整音频素材是最为直观和精确的方式，可以使用这种方式对音频素材"掐头去尾"。如果需要使用修整栏修整素材，可以按照以下的步骤操作。

操作步骤

01 在相应的音频轨上选中需要修整的素材，单击预览栏下方的【播放素材】按钮 播放选中的素材，听到所需要设置的起始位置时，按下键盘的空格键暂停播放，如图 9-34 所示。

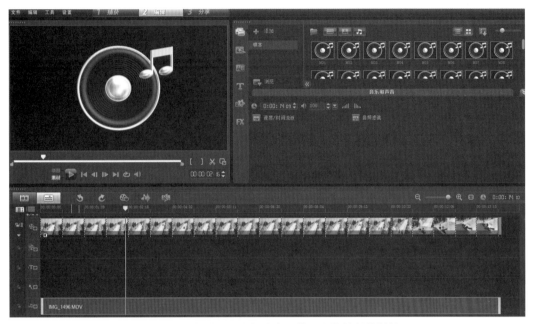

图 9-34　找到剪切的起始点，按下空格键暂停播放

02 按下键盘的"F3"键或点击预览窗口右下方的"〖"开始标记按钮，将当前位置设置为开始标记点，音乐轨上的素材自动被剪辑（掐头），如图 9-35 所示。

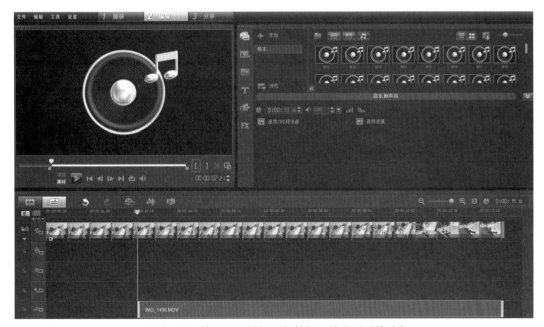

图 9-35　按下"开始标记"按钮，给音乐"掐头"

03 再次单击 ▶ 按钮或按下键盘的空格键继续播放素材，听到需要设置的结束位置时，按下键盘的"F4"键或预览窗口下方的"**]**"结束标记按钮，将当前位置设置为开始结束点。这样，程序就会自动保留开始标记与结束标记之间的音频素材，如图 9-36 所示。

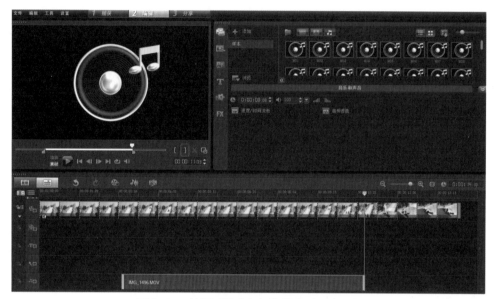

图 9-36　按下"结束标记"给音乐"去尾"

9.10　声音控制与混合

在会声会影中添加了所有的视频素材和音频素材后，影片中可能存在 4 种类型的声音：在视频录制过程中实时录制的影片现场声音；覆叠轨上添加的视频文件的声音；添加到声音轨上的音频文件；添加到音乐轨上的背景音乐文件。

如果这些声音同时以 100% 的音量播放，会使整个影片非常嘈杂。会声会影之所以让它们处于不同的轨中，就是为了便于用户进行混音处理。如何让各种音频在影片中自然呈现，关键是通过软件控制不同素材的音量、声场位置等。下面介绍会声会影控制声音的常用方法。

9.10.1　利用选项面板来调整

在对视频轨、覆叠轨、音频轨上的素材进行编辑时，双击各个素材可以快速打开选项面板，不同性质的素材对应的选项面板会有所不同，如图 9-37 所示，左图为视频选项面板，右图为音频文件的选项面板。

图 9-37　视频及音频选项面板

尽管选项面板功能不同，但它们音量调整区域  是一致的，单击音量控制选项右侧的三角按钮，在弹出窗口中拖动滑块以百分比的形式调整视频和音频素材的音量；也可以直接在文本框中输入一个数值，调整素材的音量。100 表示原始的音量大小，0 表示不发出任何声音，200 表示将原始素材的音量增大一倍，50 表示将原始音量减小一半。可以根据需要选择适当的数值来调整音量的大小，如图 9-38 所示。

图 9-38　调整音量大小

如果想要重点体现视频素材中的声音，背景音乐的音量设置为 20%，画外音设置为 0；如果需要重点表现画外音，以将视频素材中的音量设置为 0，背景音乐的音量设置为 20%；如果只需要出现背景音乐，将视频素材和画外音的音量都设置为 0。

9.10.2　使用音频混合器控制音量

使用以上介绍的方法只能对一个素材中音频的音量做统一调整。使用会声会影的音量调节线和音频混合器的功能，可以实时调整单个素材中任意一点的音量。下面介绍音频混合器的使用方法。

操作步骤

01 单击时间轴上方的【混音器】按钮 ，在选项面板上显示音频混合器，同时，时间轴上也仅显示各个轨上包含的音频素材，如图 9-39 所示。

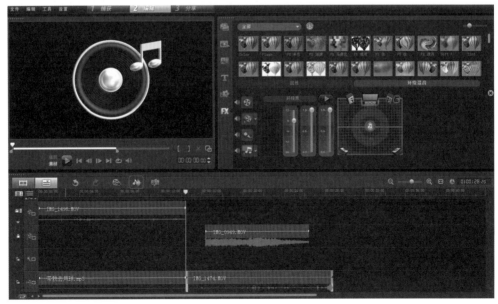

图 9-39　显示音频混合器视图

02 在选项面板上单击鼠标选择要调整音频的一个轨，在这里选择【音乐轨】，被选中的轨以桔黄色显示，如图 9-40 所示。

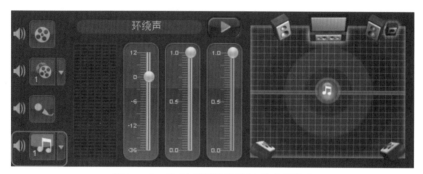

图 9-40　选择要调整音频的【音乐轨】

⓵⓶⓷提示

　　调整某个轨道的音量是分别点击选项面板上对应的不同轨道按钮，而不是直接点击编辑轨上的不同素材，否则无法实时进行音量的调整。

03 点击预览窗口下的"▐◀"按钮，然后按下键盘的空格键从头播放音乐轨素材，时间轴上的时间线会实时向右移动。如图 9-41 所示。

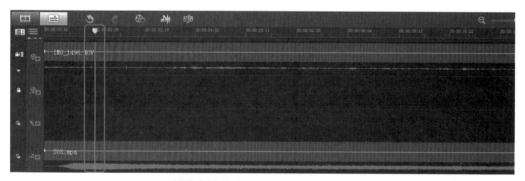

图 9-41　播放素材时时间线会在时间轴上实时向右移动

04 在播放前，先将鼠标移动到混音器音量调整滑块上，以便能及时调整，在播放过程中，拖动音频混合器中的滑块，实时调整当前所选择的音轨的音量，如图 9-42 所示。

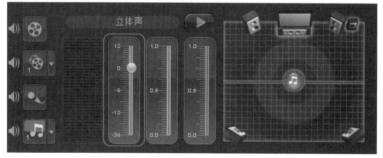

图 9-42　上下移动滑块改变素材音量

05 在移动滑块的同时，会看到音乐轨上素材音量调节线的变化，线越靠上表示音量越高，反之表示音量越低，如图 9-43 所示。

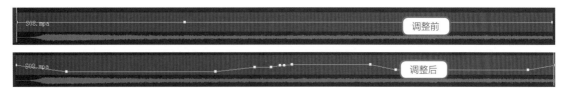

图 9-43 音频轨上音量调节线变化曲线

提示

播放中，如果拖动的是【环绕混音】中的音频图标，可以控制音频左、右声道的音量实时大小，如图 9-44 所示。

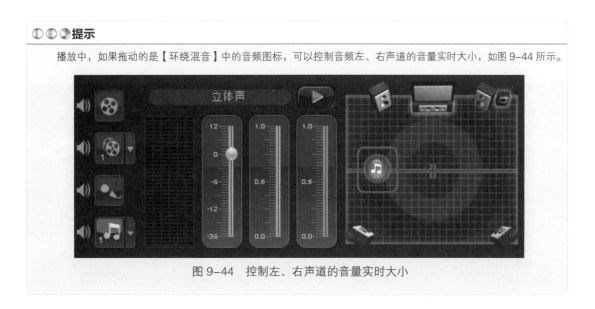

图 9-44 控制左、右声道的音量实时大小

9.10.3 使用音量调节线

上文的音量调整，已经看到素材的音量调节线会发生变化，实际上会声会影除了使用音频混合器控制声音的音量变化外，也可以直接在相应的音频轨上使用音量调节线控制不同位置的音量。音量调节线是轨中央的水平线条，仅在【混音器】中可以看到，如图 9-45 所示。如果要使用音量调节线调整音量，可以按照以下的步骤操作。

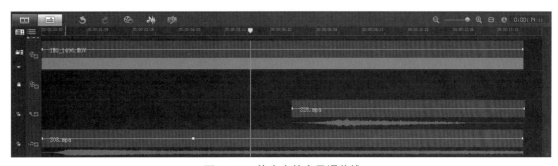

图 9-45 轨中央的音量调节线

会声会影 X5
DV 剪辑从新手到高手

操作步骤

01 单击时间轴上的【混音器】按钮 ，显示音量调节线。

02 在时间轴上，单击鼠标选择要调整音量的音频素材，如图 9-46 所示。

图 9-46 选择需要调整的音频素材

03 单击音量调节线上的一个点添加关键点，这样就可以调节此关键帧上音轨的音量，如图 9-47 所示。

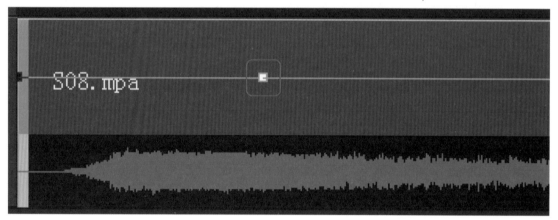

图 9-47 在音量调节线上添加关键帧

04 向上 / 向下拖动添加的关键点，增加或减小素材在当前位置上的音量，如图 9-48 所示。

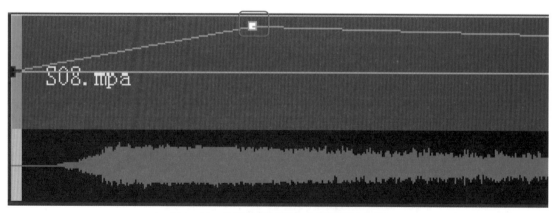

图 9-48 拖动关键帧调整当前位置的音量

05 重复步骤 03 和步骤 04，将更多关键帧添加到调节线并调整音量，如图 9-49 所示。

图 9-49　调整更多关键点的音量

💿💿💿**提示**

　　在音频轨上选中一个音频素材，单击鼠标右键，从图 9-50 所示的弹出菜单选择【重置音量】命令，将调整后的音量调节线恢复到初始状态。

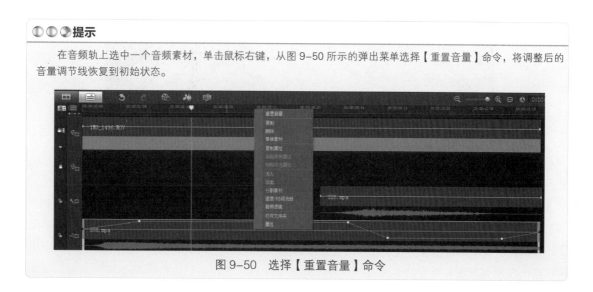

图 9-50　选择【重置音量】命令

9.10.4　左右声道分离

　　在编辑影片时，常常需要制作左右声道分离的效果。例如，制作喜庆录像片，使左声道保持现场原声，右声道配音乐，下面介绍它的制作方法。

操作步骤

01 分别向视频轨和音乐轨上添加视频和音频文件。

02 单击视频轨上方的 🔲 按钮，切换到时间轴模式，然后单击时间轴上方的【混音器】按钮 🎵，切换到音频视图，如图 9-51 所示。

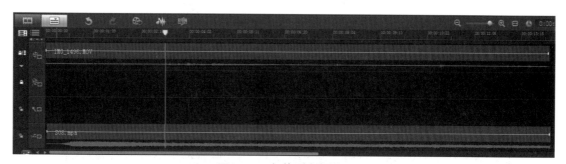

图 9-51　切换到音频视图

03 在视频轨上单击鼠标选择视频轨，然后拖动预览窗口下方的三角滑块，把它拖动到视频的开始位置，如图 9-52 所示。

图 9-52　选中视频轨并把滑块拖动到开始位置

04 在预览窗口下方将播放模式设置为项目播放模式。

05 在选项面板上将环绕混音中的音符滑块拖动到最左侧，表示将视频轨的声音放到左侧。调整完成后，单击选项面板上的 ▶ 按钮，可以看到只有最左侧的声道闪亮，如图 9-53 所示。

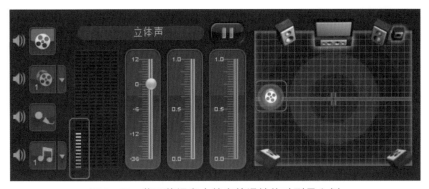

图 9-53　将环绕混音中的音符滑块拖动到最左侧

06 在音乐轨上单击鼠标，使它处于被选择状态，如图 9-54 所示。

图 9-54　选择音乐轨

07 在预览窗口下方再次将播放模式设置为项目播放模式，并将预览窗口下方的滑块拖动到最左侧，如图 9-55 所示。

图 9-55 设置播放模式

08 在选项面板上将环绕混音中的音符滑块拖动到最右侧，表示将视频轨的声音放到左侧。调整完成后，单击选项面板上的 ▶ 按钮，第二声道闪亮，如图 9-56 所示。

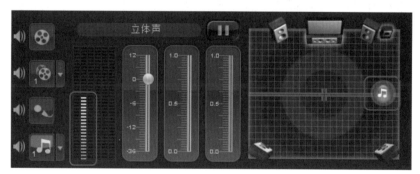

图 9-56 将环绕混音中的音符滑块拖动到最右侧

09 设置完成后，刻录并输出影片，就可以制作左右声道分离的效果。

9.10.5 立体声和 5.1 声道

如果在拍摄时录制了 5.1 声道的音频，会声会影能够忠实地还原现场音效，并可通过环绕音效混音器、变调滤镜做最完美的混音调整，让家庭影片也能拥有置身于剧院般的环绕音效。即使是普通的双声道影片，也可以切换到 5.1 声道模式，模拟出 5.1 声道效果。另外，还可以轻松制作左右声道分离的影片。

5.1 声道采用五个声道：左前置、中置、右前置、左环绕、右环绕 5 个声道进行放音，这五个声道彼此是独立的，此外还有一路单独的超低音效果声道，俗称 0.1 声道。所有这些声道合起来就是所谓的 5.1 声道。就整体效果而言，5.1 声道系统可以为听众带来来自多个不同方向的声音环绕，获得身临各种不同环境的听觉感受，给用户以全新的体验。

在会声会影中，想要在双声道和 5.1 声道之间切换，可以按照以下的步骤操作。

操作步骤

01 在视频轨和声音轨或者音乐轨上添加视频和音频文件。

02 单击时间轴上方的【混音器】按钮，切换到音频视图，如图 9-57 所示。

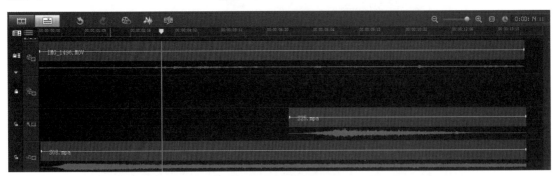

图 9-57　切换到音频视图

03 在双声道模式下，单击选项面板上的按钮，在选项面板的音频混合器左侧看见两个声道的播放效果，如图 9-58 所示。

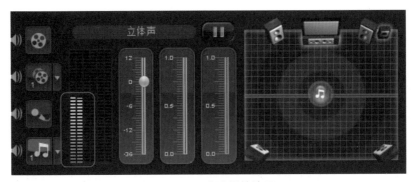

图 9-58　双声道播放效果

04 在 5.1 声道模式下，单击选项面板上的按钮，在选项面板的音频混合器左侧看见六个声道的播放效果，如图 9-59 所示。

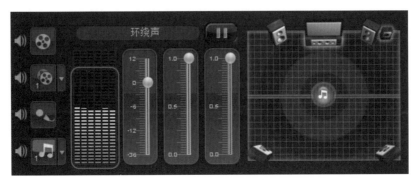

图 9-59　5.1 声道播放效果

05 会声会影默认是双声道的编辑，如需启用5.1声道，需在菜单栏上点击【设置】/【启用5.1环绕声】命令，如图9-60所示。

图9-60　启用5.1声道功能

◎◎◎**提示**

取消选中【设置】/【启用5.1环绕声】命令，可以切换回双声道模式。

9.10.6　如何制作5.1声道影片

前面介绍了会声会影双声道与5.1声道之间的切换方法，请按前文的方法开启5.1环绕声。下面介绍如何制作5.1声道影片。

操作步骤

01 点击时间轴左上角的"▤"按钮，打开轨道编辑器，修改音乐轨数量为2，然后点击"确定"按钮，添加1路音乐轨，如图9-61所示。

图9-61　添加音乐轨

02 向视频轨、覆叠轨、声音轨添加视频或音频素材，并向两路音乐轨添加单声道音频素材各一份。单击时间轴上方的【混音器】按钮，切换到音频视图，如图 9-62 所示。

图 9-62　向编辑轨添加素材并切换到音频视图

03 在视频轨上单击鼠标选择视频轨，然后拖动预览窗口下方的三角滑块，把它拖动到视频的开始位置，在预览窗口下方将播放模式设置为项目播放模式，如图 9-63 所示。

图 9-63　修改为项目播放模式

04 在选项面板上将环绕混音中的音符滑块拖动到左上方喇叭处，表示将视频轨的声音放到左前置喇叭中，如图 9-64 所示。

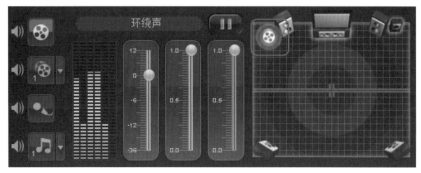

图 9-64　将视频轨音符滑块置于左上方

05 点击覆叠轨素材，然后拖动预览窗口下方的三角滑块，把它拖动到视频的开始位置，在预览窗口下方将播放模式设置为项目播放模式，并在选项面板上将环绕混音中的音符滑块拖动到右上方喇叭处，表示将覆叠轨的声音放到右前置喇叭中，如图 9-65 所示。

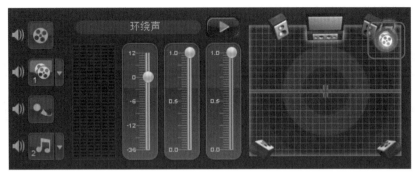

图 9-65　将覆叠轨音符滑块置于右上方

06 点击声音轨素材，然后拖动预览窗口下方的三角滑块，把它拖动到视频的开始位置，在预览窗口下方将播放模式设置为项目播放模式，并在选项面板上将环绕混音中的声音音符滑块拖动到正上方喇叭处，表示将画外音等声音放到中置喇叭中，如图 9-66 所示。

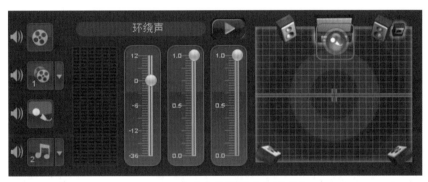

图 9-66　将声音轨设置成中置喇叭

07 点击音乐 1 轨素材，然后拖动预览窗口下方的三角滑块，把它拖动到视频的开始位置，在预览窗口下方将播放模式设置为项目播放模式，并在选项面板上将环绕混音中的音符滑块拖动到左下方喇叭处，表示将画外音等声音放到后置左喇叭中，如图 9-67 所示。

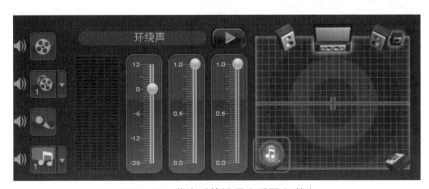

图 9-67　将音乐轨设置为后置左喇叭

08 点击音乐 2 轨素材，然后拖动预览窗口下方的三角滑块，把它拖动到视频的开始位置，在预览窗口下方将播放模式设置为项目播放模式，并在选项面板上将环绕混音中的声音音符滑块拖动到右下方喇叭处，表示将画外音等声音放到后置右喇叭中，如图 9-68 所示。

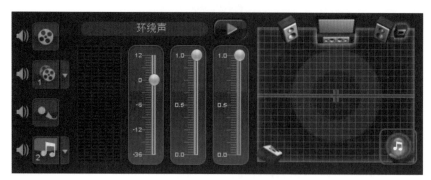

图 9-68 将音乐轨 2 设置为后置右喇叭

09 设置完成后，刻录并输出影片，就可以制作 5.1 声道环绕声的效果。

9.11 使用音频滤镜

会声会影允许用户将音频滤镜应用到【音乐轨】和【声音轨】中的音频素材上，包括放大、长回音、等量化以及音乐厅等效果。为音频文件应用滤镜的操作步骤如下。

操作步骤

01 单击视频轨上方的 按钮，切换到时间轴模式，如图 9-69 所示。

图 9-69 选择要应用音频滤镜的音频素材

02 双击鼠标选择要应用音频滤镜的音频素材，打开选项面板，如图 9-70 所示。

图 9-70 打开音乐和声音选项面板

03 单击选项面板上的【音频滤镜】按钮，打开【音频滤镜】对话框，如图 9-71 所示。

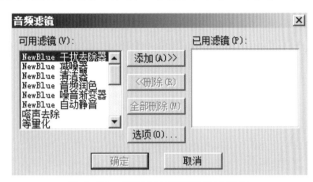

图 9-71　打开【音频滤镜】对话框

04 在【可用的滤镜】列表框中选择需要的音频滤镜并单击【添加】按钮或者直接双击滤镜名称，将其添加到【已用滤镜】列表框中，如图 9-72 所示。

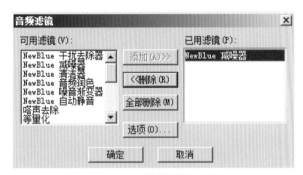

图 9-72　把音频滤镜添加到列表中

05 单击【选项】按钮，在弹出的对话框中进一步调整参数，如图 9-73 所示。调整完成后，单击【确定】按钮。

图 9-73　调整音频滤镜的属性

06 设置完成后，单击【确定】按钮，应用所选择的音频滤镜效果。

10

快速编辑影片的技巧

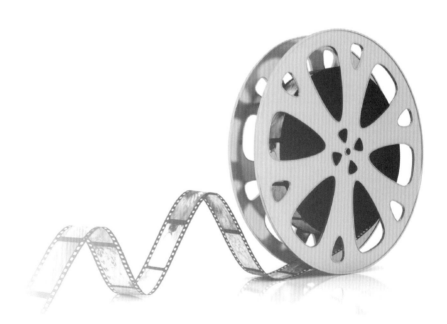

10.1 使用预设模板功能

会声会影 X5 的视频轨上方提供了【即时项目】功能，使用它可调入预设模板，并将它应用到当前项目的片头或者片尾，更加快捷地为影片提供创意。

操作步骤

01 启动会声会影，然后单击素材库左边的【即时项目】按钮 ，进入【即时项目】素材库，如图 10-1 所示。

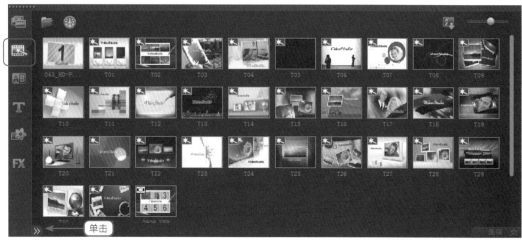

图 10-1　打开【即时项目】素材库

02 点击图 10-1 中左下角的" "按钮打开文件夹，并在各个文件夹中查看更多的即时项目，如图 10-2 所示。

图 10-2　查看更多即时项目

03 在素材库中单击鼠标选中要使用的模板，点击预览窗口下的 播放按钮可查看效果，如图 10-3 所示。

图 10-3　选中并查看模板效果

04 如需使用即时项目，可在素材库中即时项目的缩略图上右击鼠标并在弹出菜单中，选中模板插入到影片中的位置，如图 10-4 所示。

图 10-4　设置插入到影片中的位置

05 点击 "在开始处添加" 按钮，将当前所选中的模板插入到会声会影中，如图 10-5 所示。

图 10-5　把模板插入到会声会影中

06 接下来，使用替换素材的方法把模板中的素材替换成需要的素材。用鼠标右键单击想要替换的素材，从弹出菜单中选中【替换素材】/【照片】或者【视频】命令，如图 10-6 示。

图 10-6　选择需要替换的素材类型

07 在弹出的对话框中浏览计算机内容找到用于替换的文件，如图 10-7 所示。

图 10-7　选中用于替换的文件

08 单击 打开(O) 按钮，选中的素材就替换了模板中原先的素材，并且保留了项目中应用的变形、特效、转场等其他效果，为影片编辑提供了很大的方便，如图 10-8 所示。用同样的方式替换模板中其他的素材，快速制作出具有专业效果的影片。

图 10-8　选中的素材就替换了模板中原先的素材

10.2　导出和使用模板

　　【导出为模板】功能，可以把花费大量时间和精力制作完成的项目文件以模板的形式保存。再次制作类似的影片时，大大减少重复性的工作，通过重复利用模板来提高影片编辑效率。而且，还可以把编辑完成的整个项目文件导出为影片模板，然后进行重复使用或与他人共享。下面，介绍导出和使用模板的方法。

操作步骤

01 当完成了视频、照片、音乐、字幕等素材的编辑工作后，打开项目文件，如图 10-9 所示。

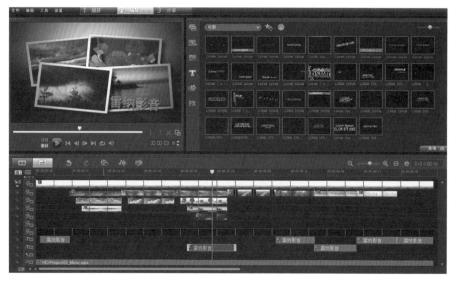

图 10-9　打开项目文件

[02] 选择【文件】/【导出为模板】命令，并在弹出的信息提示窗口中单击 [是(Y)] 按钮，保存当前项目文件，如图 10-10 所示。

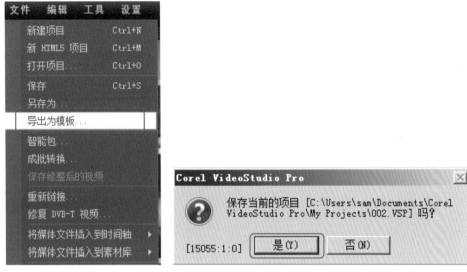

图 10-10　选择【文件】/【导出为模板】命令并保存项目文件

[03] 在弹出的对话框中，拖动预览窗口下方的滑块，找到一个画面作为模板略图，然后，单击模板路径右侧的 [...] 按钮，在弹出的对话框中指定模板保存的路径。设置模板名称及类别（如自定义），然后单击"确定"按钮保存模板，如图 10-11 所示。

图 10-11　指定模板保存的名称、路径、类别

04 模板保存完成后，点击素材库左侧的"即时项目"按钮，可以在刚才保存的类别【自定义】中查看到，如图 10-12 所示。

图 10-12　在即时项目中查看保存的模板

05 以后需调用该模板时，点击素材库的"![图标]"按钮打开即时项目，并点击左下角的"![图标]"按钮，打开自定义文件夹，选中拖拽到下面的编辑轨道上即可，如图 10-13 所示。

图 10-13　打开模板文件

06 在向编辑轨拖拽项目时，也可以同时按住键盘的 Shift 键，然后释放鼠标和键盘，这样，即时项目文件将合并成一个素材出现在视频轨上，如图 10-14 所示。

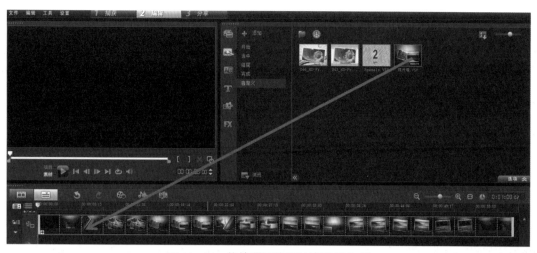

图 10-14　拖拽项目的同时按下 Shift 键

10.3　网络下载更多的模板

会声会影支持模板库的直接导入，将模板直接从素材库拖动到时间轴上，便可以立即开始影片的制作。用户可以制作自己的模板，用户也可以从 Corel 指南下载模板或者从免费的 PhotoVideoLife.com 社区下载模板。

10.3.1　从 Corel 指南下载模板

01 打开会声会影，点击素材库左侧的"▦"按钮打开即时项目，点击素材库上方的"◉"按钮获取更多内容，如图 10-15 所示。

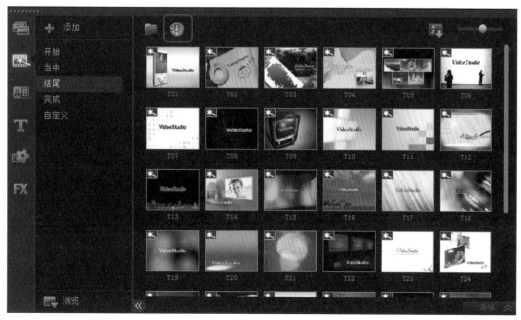

图 10-15　点击【获取更多内容】按钮

02 点击页面左上角的"模板"按钮,利用鼠标的滚动键查看并选择模板,如图 10-16 所示。

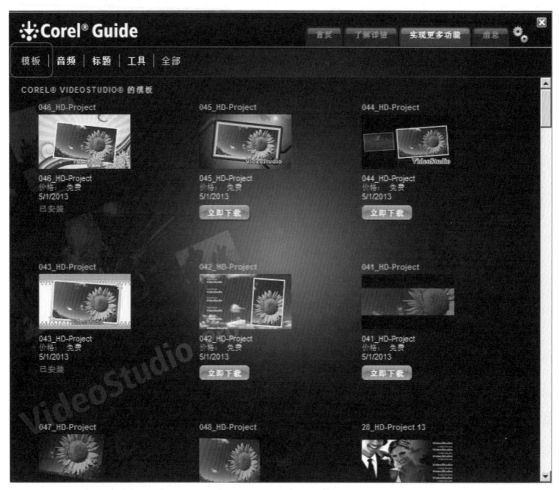

图 10-16　打开网络模板库

03 挑选好模板后,点击模板略图下方的" 立即下载 "按钮,软件自动开始下载模板,等待绿色进度条完成,如图 10-17 所示。

图 10-17　下载模板

04 点击 "立即安装 ⊙" 按钮开始安装模板，如图 10-18 所示。

图 10-18 点击 "立即安装" 按钮开始安装模板

05 勾选 "我接受该许可协议中的条款"，然后按下 "安装(I)" 继续安装，如图 10-19 所示。

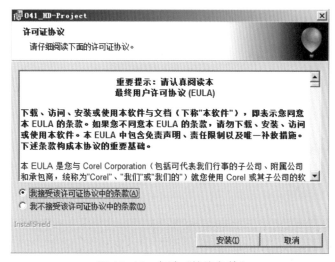

图 10-19 勾选 "协议条款"

06 点击 "完成(F)" 按钮完成安装，如图 10-20 所示。

图 10-20 点击 "完成" 按钮完成安装

07 会声会影会自动打开安装目录，安装的默认路径为"C:\Users\sam\Documents\Corel VideoStudio Pro\VSPTemplate"，如图 10-21 所示。

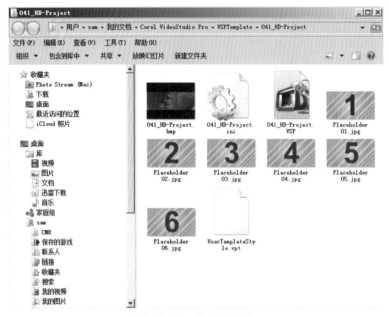

图 10-21　安装的路径

10.3.2　将下载的模板导入到合声合影

01 打开会声会影，点击素材库左侧的"■"按钮，打开即时项目，点击选择左侧的文件夹（例如"自定义"文件夹），表示将模板导入到该文件夹中，如图 10-22 所示。

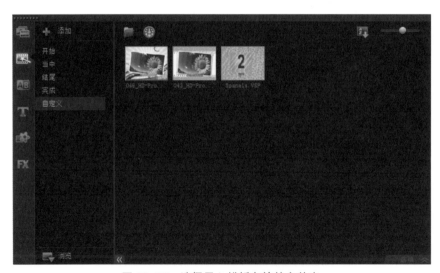

图 10-22　选择导入模板存放的文件夹

02 在素材库的空白处右键点击鼠标，并在弹出的菜单中选择"导入一个项目"命令，如图 10-23 所示。

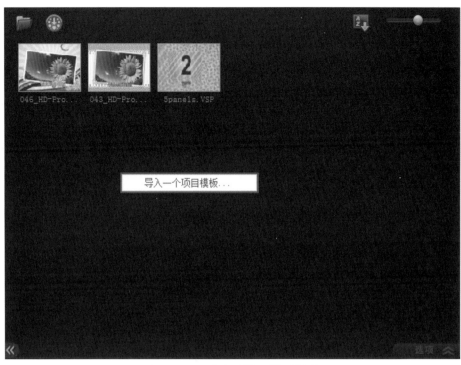

图 10-23 点击"导入项目模板"

03 浏览计算机目录找到刚才下载的模板安装路径,点击选中 vpt 格式的文件,然后点击
" 打开(0) "按钮,如图 10-24 所示。

图 10-24 选择模板文件

04 刚才选择的模板文件会被添加到素材库中,如图 10-25 所示。

图 10-25　导入模板的缩略图会出现在素材库中

10.3.3　从 Photo Video Life.com 社区下载模板

01　打开计算机的浏览器，并在地址栏中输入 http://www.photovideolife.com，按下回车键前往该页面，如图 10-26 所示。

图 10-26　打开 http://www.photovideolife.com 社区网页

02　首先需要在该网络社区中注册一个账户，点击网页右上角的"Login"按钮，在随后打开的页面中点击"CREAT NEW ACCOUNT"连接，根据页面的提示输入：账户名称、电子邮件地址以及验证码，然后点击" **CREATE NEW ACCOUNT** "链接按钮继续，如图 10-27 所示。

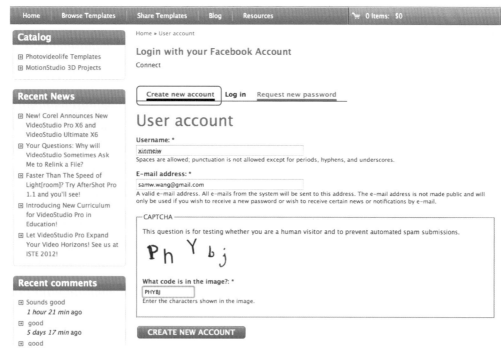

图 10-27 注册账户

◎◎◎**提示**

　　注意这里的电子邮件地址必须是有效的地址，账户登录时使用的密码会发送到该邮箱中，另外以后在该社区下载的模板也会发送到该邮箱中。

03 注册成功后，返回计算机进入刚才注册使用的邮箱，邮箱会收到一封从 photovideolife 发来的邮件，查看邮件内容，并浏览用户名及密码，如图 10-28 所示。

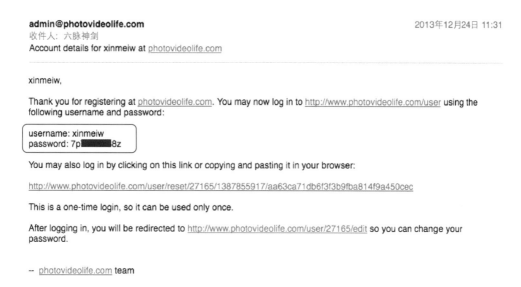

图 10-28 打开邮件查看账户对应的密码

04 打开计算机浏览器，并在地址栏中输入 http://www.photovideolife.com，点击页面右上角的"login"链接按钮，根据页面提示输入用户名与密码，然后按下页面中的"　**LOG IN**　"链接按钮登录，如图 10-29 所示。

图 10-29　登录 photovideolife.com

05 登录成功后，页面会显示如图 10-30 所示的页面，点击左上角的⊞ Photovideolife Templates 链接，进入模板库。

图 10-30　登录成功

06 上下滚动页面查看更多的模板，点击模板右侧的"DETAIL"链接按钮继续，如图 10-31 所示。

图 10-31　浏览并选择网页上的模板

07 继续点击"ADD TO CART"链接按钮，将模板加入购物车，如图 10-32 所示。

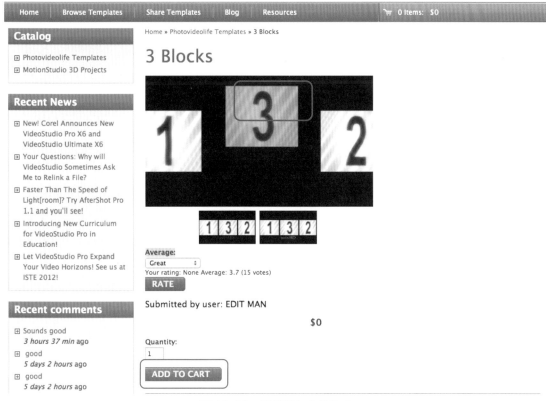

图 10-32　将模板加入购物车

08 点击 " CHECKOUT " 链接按钮，开始结算，如图 10-33 所示。

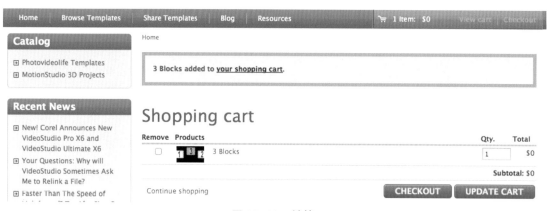

图 10-33　结算

09 点击 " REVIEW ORDER " 检查生成订单链接按钮继续，如图 10-34 所示。

图 10-34　生成订单

10 点击 " SUBMIT ORDER " 提交订单链接按钮继续，如图 10-35 所示。

图 10-35 提交订单

11 订单完成，该网站会自动向账户的邮箱发送一封邮件，邮件中包含刚才选择的模板下载链接，如图 10-36 所示。

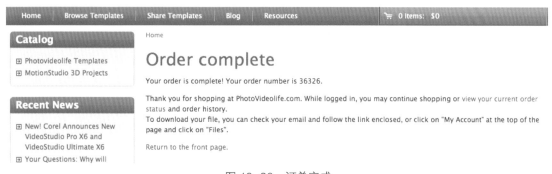

图 10-36 订单完成

12 返回邮箱收取邮件，点击下载链接，下载模板，如图 10-37 所示。

图 10-37 收取邮件，并查看邮件内容

10.3.4 安装 Photo Video Life.com 社区下载的模板

01 通过前面操作，下载的模板文件是一个 exe 的可执行文件，双击该文件运行，在安装界面选择"简体中文"，然后单击"确定⑩"按钮继续，如图 10-38 所示。

图 10-38　选取"简体中文"

02 勾选"我接受该许可协证协议中的条款"前的被选框，继续点击"安装"按钮。如图 10-39 所示。

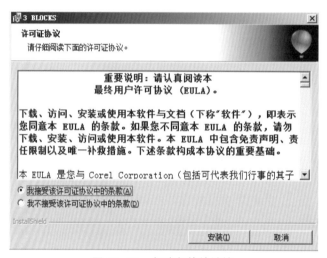

图 10-39　勾选条款并继续

03 勾选"打开模板文件夹"，然后按下"完成"按钮，如图 10-40 所示。这样在退出安装时，查看安装路径，该模板的安装默认路径为"C:\Users\sam\Documents\Corel VideoStudio Pro\3 BLOCKS"。

图 10-40　完成模板安装

04 退出安装后自动打开的安装目录，至此模板安装成功，如图 10-41 所示。

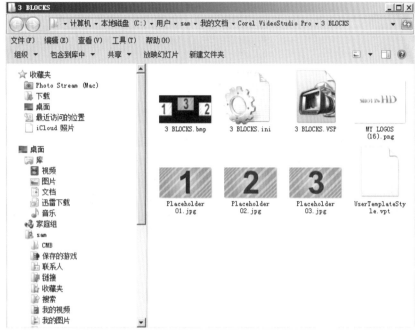

图 10-41　安装目录

05 如需导入 PhotoVideoLife.com 社区模板，请参照前文的模板导入方法，如图 10-42 中红色区域为导入素材库的模板。

图 10-42　导入的模板

10.4　使用连续编辑功能

会声会影的连续编辑模式极大地提高了影片编辑的便利性。它可以自动调整相关视频元素（例如音频、标题和覆叠）的位置，使整体移动时间轴素材和编排场景更容易。下面以一个范例进行说明。

操作步骤

01 在时间轴上为影片添加覆叠视频、字幕、画外音和背景音乐，如图 10-43 所示。

图 10-43　当前编辑的时间轴

02 由于需要对素材进行调整，删除位于影片开始位置的两个视频素材。这时，会发现蒙版、字幕、画外音以及背景音乐与原先的视频之间的对应关系被移位了，如图 10-44 所示。遇到这种情况，需要花费大量的时间不断地播放、调整，以手动的方式将素材重新定位。

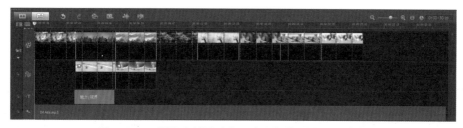

图 10-44　删除素材导致各元素之间的对应关系改变

03 按快捷键 Ctrl+Z 撤销文件删除操作，恢复到原先的状态。然后单击视频轨左侧黑色三角按钮，从弹出菜单中选中【启用连续编辑】命令，启用连续编辑模式，再在覆叠轨、标题轨或音频轨前方单击鼠标锁定需要保持对应关系的素材，被锁定的轨前方出现标记，如图 10-45 所示。

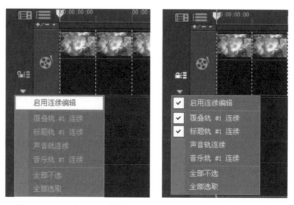

图 10-45　启用连续编辑模式锁定需要对应的素材轨

04 这时，删除视频轨上的视频素材时，被锁定的覆叠轨、标题轨上的素材也会移动到与原先视频素材对应的位置，保持用户所指定的素材之间的对应关系。

10.5 利用项目文件分段编辑影片

对于一个长度较长的影片来说，由于调用各种素材元素较多，整个编辑过程会显得卡顿，影响编辑效率，这时可以分段进行视频编辑，并将这些部分存成一个个的项目文件保存在计算机中，待所有片段完成后，再一次将所有项目文件调到编辑轨道上，然后进行视频的分享和制作。

10.5.1 保存和打开项目文件

会声会影的项目文件记录整个影片调用的所有媒体元素，文件格式为vsp，保存项目文件的方法如下：

点击菜单栏的"文件"菜单并选择"保存"命令，在弹出的菜单中，选择保存路径，输入文件名称，然后按下"保存"按钮，如图10-46所示。

图 10-46 保存项目文件

打开项目文件的方法如下：

打开会声会影，点击选取"文件"菜单，在下拉菜单中选择"打开项目"命令，并在随后的"打开"页面中浏览项目文件，并点击选中文件。然后按下"打开"按钮，打开项目文件。如图10-47所示。

图 10-47 打开项目文件

10.5.2 导入项目文件

会声会影如果使用打开项目文件的方法，会将原先编辑的所有素材排列到各个轨道上，如图 10-48 所示。

图 10-48 打开项目文件，素材排列到各个轨道

可以使用导入项目文件的方法，让项目文件类似一个视频素材只占用一个视频轨道，便于后期编辑，导入项目文件的方法如下：

打开会声会影，鼠标在视频轨上右击，并选择"插入视频"命令，在随后的"打开视频文件"对话窗中选择项目文件，然后按下"打开"按钮。打开项目文件，如图 10-49 所示。

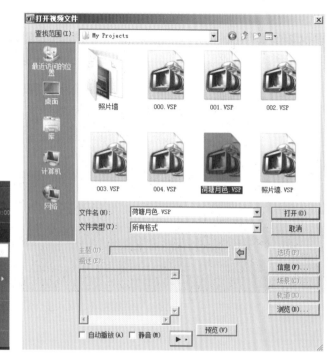

图 10-49　选择项目文件

刚才选择的项目文件将会以一个视频素材的方式出现在视频轨道上，如图 10-50 所示。

图 10-50　导入项目文件

重复上面的步骤，可以将其他的项目文件依次导入视频轨道，最后一次生成影片。利用这种方法，在制作影片时，可以将一个长影片分段制作完成后，保存成不同的项目文件，在所有段落都制作完成后，一次性将所有项目文件按次序导入到会声会影中合成一个影片，最后通过分享的方式制作成不同类型的文件或光盘。如图 10-51 所示，故事板中的每个略图都是一个项目文件。

图 10-51　导入多个项目文件

11

分享和输出影片

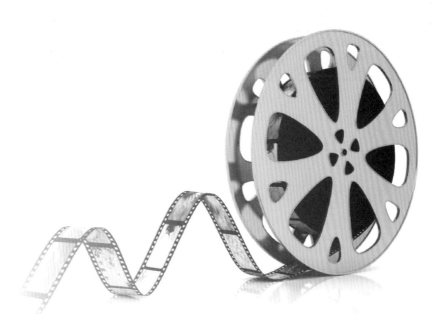

11.1 【分享】步骤简介

将影片制作完成后，会声会影提供了多种输出视频的方法。将影片保存到硬盘、导出到移动设备、转录到录像带、直接刻录成光盘或者制作视频网页、视频屏幕保护等。本章将介绍分享和输出影片的一些基本方法。

11.2 【分享】步骤选项面板详解

在会声会影中添加各种视频、图像、音频素材以及转场效果后，单击步骤面板上的【分享】按钮，进入影片分享与输出步骤，如图 11-1 所示。在这一步中，可以渲染项目，并将创建完成的影片按照指定的格式输出。首先介绍该选项面板上各个按钮和选项的功能，见表 11-1。

图 11-1 【分享】步骤的选项面板

表 11-1 【分享】步骤的选项面板各按钮和选项的功能

名　称	功　能
创建视频文件	单击按钮，在弹出菜单中可以选择需要创建的视频文件的类型。通过这一步骤，将项目文件中的视频、图像、声音、背景音乐以及字幕、特效等所有素材连接在一起，生成最终的影片并保存在硬盘上
创建声音文件	单击按钮，将整个项目的音频部分单独保存为声音文件
创建光盘 创建光盘	单击按钮，将打开光盘制作向导，允许用户将项目刻录为 DVD、SVCD 或 VCD 光盘
导出到移动设备	单击按钮，在弹出的菜单中选择相应的格式和输出设备，将视频文件导出到 SONY PSP、Apple iPod 以及基于 Windows Mobile 的智能手机、PDA 等移动设备中
项目回放 项目回放	单击按钮，在弹出的对话框中选择回放范围后，将在黑色屏幕背景上播放整个项目或所选的片段。如果系统中连接了 VGA 到电视的转换器、摄像机或视频录像机，还可以将项目输出到录像带
DV 录制	单击按钮，在弹出的对话框中将视频文件直接输出到 DV 摄像机并将它录制到 DV 录像带上

名　称	功　能
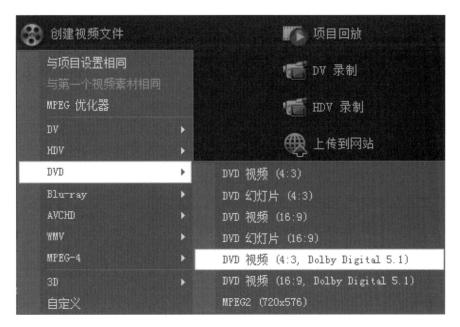HDV 录制	单击 按钮，在弹出的对话框中将视频文件直接输出到 HDV 摄像机并将它录制到录像带上
上传到网站	将影片输出为 MEPG-4、MEPG-4 HD 格式并直接上传到 Vimeo、YouTube、YouTube 3D、Facebook、Flickr 等视频分享网站

11.3　创建视频文件

创建视频文件用于把项目文件中的所有素材连接在一起，将制作完成的影片保存到硬盘上。

11.3.1　输出整部影片

在编辑和制作影片时，项目文件中可能包含视频、声音、标题和动画等多种素材，创建视频文件可以将影片中所有的素材连接为一个整体，这个过程通常被称为"渲染"。首先介绍创建和保存视频文件的方法。

操作步骤

01 单击步骤面板上的 **3 分享** 按钮，进入影片分享与输出步骤。

02 单击选项面板上的【创建视频文件】按钮，在弹出的图 11-2 所示的下拉列表中选择需要创建的视频文件的类型。

图 11-2　从列表中选择需要输出的视频文件类型

03 在弹出的对话框中指定视频文件保存的名称和路径，如图 11-3 所示。

图 11-3　指定视频文件保存的名称和路径

04 单击"保存"按钮，程序开始自动将影片中的各个素材连接在一起，并以指定的格式保存。这时，预览窗口下方将显示渲染进度，如图 11-4 所示。

图 11-4　预览窗口下方将显示渲染进度

05 渲染完成后，生成的视频文件将在素材库中显示一个略图。单击预览窗口下方的 按钮，即可查看渲染完成后的影片效果。

11.3.2　创建视频文件类型

会声会影在创建视频文件时，可以根据实际需要创建不同种类、不同格式的视频文件，表 11-2 列出会声会影创建视频文件的种类及说明。

表 11-2　会声会影创建视频文件的种类及说明

种　类	说　明
与项目 设置相同	选择此选项，将输出与项目文件设置相同的视频文件。如果对于输出尺寸、格式等视频属性有特殊的要求，可以先自定义项目文件，然后再选择此选项输出影片
与第一个视频素材相同	选择此选项，将输出与添加到项目文件中的第一个视频素材尺寸、格式等属性相同的影片

种　类	说　明
MPEG 优化器	会声会影的 MPEG 优化器可以分析并查找要用于项目的最佳 MPEG 设置或"最佳项目设置配置文件"，它使项目的原始片段的设置与最佳项目设置配置文件兼容，从而节省了时间，并使所有片段保持高质量，包括那些需要重新编码或重新渲染的片段
DV	输出符合 DV 标准的影片。包括 DV（4:3）和 DV（16:9），可保存高质量的视频资料，或者把编辑后的影片回录到摄像机
HDV	输出符合高清标准的影片。包括 HDV 1080i-50i（针对 HDV）、HDV 720p-25p（针对 HDV）、HDV 1080i-50i（针对 PC）和 HDV 720p-25p（针对 PC）。其中，HDV 1080i-50i（针对 HDV）、HDV 720p-25p（针对 HDV）用于输出回录到 HDV 摄像机的视频文件，HDV 1080i-50i（针对 PC）和 HDV 720p-25p（针对 PC）用于输出在 PC 上观看的视频文件
DVD	光盘输出和 MPEG 输出。其中 DVD 视频（4:3）、DVD 视频（16:9）、DVD 视频（4:3，Dolby Digital 5.1）、DVD 视频（16:9，Dolby Digital 5.1）主要用于编辑制作摄像机拍摄的视频文件，输出相应宽高比的符合 DVD 标准的视频文件，其中 Dolby Digital 5.1 表示使用 5.1 声道的视频。DVD 幻灯片（4:3）和 DVD 幻灯片（16:9）主要用于输出相片制作的视频文件，对于静态展示的照片可以获得更为流畅的效果。MPEG2（720×576，25fps），则用于输出相应尺寸和格式的 MPEG 文件
Blu-ray	输出用于创建蓝光光盘的视频文件，包括 Blu-ray（1920×1080）、Blu-ray（1440×1080）以及 Blu-ray H.264（1920×1080P）、Blu-ray H.264（1440×1080P）Blu-ray H.264（1920×1080）、Blu-ray H.264（1440×1080）等类型。其中 Blu-ray H.264（1920×1080P）、Blu-ray H.264（1440×1080P）中的"P"表示逐行扫描
AVCHD	输出符合硬盘高清摄像机标准的视频。包括 AVCHD（1920×1080P）、AVCHD（1440×1080P）AVCHD（1920×1080）、AVCHD（1440×1080）等类型。用于输出相应尺寸的逐行（P）或者隔行扫描的视频文件
WMV	输出在网页上或者便携设备上展示的 WMV 格式的视频文件。其中 WMV HD 1080 25p 和 WMV HD 720 25p 分别用于输出用于网络展示的相应制式的高清视频；WMV Broadband（352×288，30fps）用于输出宽带网络展示的视频；Pocket PC WMV（320×240，15fps）用于输出掌上电脑播放的视频；Smartphone WMV（220×176，15fps）用于输出在智能手机上播放的视频
MPEG-4	输出用于各种便携设备的影片。其中，Mpeg-4 HD 用于输出高清品质的 Mpeg-4 文件；iPhone 4/iPad HD 用于输出 iPhone 4、iPad 播放的高清影片；iPod MPEG-4、iPod /iPad MPEG-4（640×480）、iPod H.264 输出用于 iPod、iPad 播放的 MPEG-4 视频；PSP MPEG-4、PSP H.264 输出用于 PSP 播放的视频；PDA/PMP MPEG-4 输出用于 PDA、PMP 等掌上数码影院设备播放的视频；移动电话 Mpeg-4 输出用于智能手机播放的视频
FLV	输出 FLV（320×240）和 FLV（640×480）两种格式的视频。FLV 流媒体格式是一种新的视频格式，全称为 Flash Video。由于它形成的文件极小、加载速度极快，使得网络观看视频文件成为可能，它的出现有效地解决了视频文件导入 Flash 后，使导出的 SWF 文件体积庞大，不能在网络上很好地使用等缺点。目前各在线视频网站均采用此视频格式
3D	输出为具有 3D 效果的视频文件，借助 3D 眼镜，就能够欣赏到立体的影片效果。可以根据用途选择 DVD、Blu-ray、AVCHD、WMV 等不同类型的视频格式
自定义	可以输出 AVI、FLC、MOV、WMV 等多种文件格式的视频，还可以自定义文件的尺寸、压缩编码等属性

11.3.3　输出指定范围的影片内容

有时，在整个项目文件中只需要输出影片的一部分。可以先指定需要输出的预览范围，然后在【分享】步骤中只渲染和输出预览范围内的内容，操作方法如下。

操作步骤

01 单击预览窗口下方的 ▶ 按钮切换到项目播放模式。

02 在预览窗口下方将飞梭栏上的滑块移动到需要输出的预览范围的开始位置，单击预览窗口下方的 [按钮设置开始标记，这时，在时间轴上方可以看到一条橙色的预览线，如图 11-5 所示。

图 11-5　设置开始标记

03 在预览窗口下方将飞梭栏上的滑块移动到需要输出的预览范围的结束位置，单击预览窗口下方的] 按钮设置结束标记，这时，在时间轴上方橙色预览线标识的区域就是用户所指定的预览范围，如图 11-6 所示。

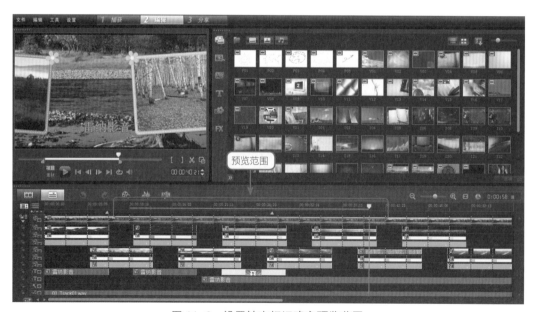

图 11-6　设置结束标记确定预览范围

04 单击预览窗口下方的【播放项目】按钮查看预览范围中的影片效果，也可以根据需要重新调整开始标记和结束标记。

05 单击步骤面板上的 **3 分享** 按钮，进入影片分享与输出步骤。然后单击选项面板上的【创建视频文件】按钮，在弹出的下拉列表中选择需要创建的视频文件的类型。

06 在弹出的【创建视频文件】对话框中单击【选项】按钮，打开【Corel VideoStudio Pro】对话框，如图 11-7 所示。选中【Corel VideoStudio Pro】对话框中的【预览范围】单选钮，然后单击【确定】按钮。

图 11-7 选中对话框中的【预览范围】单选钮

07 指定视频文件保存的名称和路径后，单击【保存】按钮，程序开始自动将指定的预览范围内的各个素材连接在一起，并以指定的格式保存。这时，预览窗口下方将显示渲染进度。

08 渲染完成后，生成的视频文件将在素材库中显示一个略图。单击预览窗口下方的按钮，查看渲染完成后的影片效果。

11.3.4 单独输出项目中的声音

单独输出影片中的声音素材可以将整个项目的音频部分单独保存以便在声音编辑软件中进一步处理声音或者应用到其他影片中，需要注意的是，这里输出的音频文件是包含了项目中的视频轨、覆叠轨、声音轨、音乐轨的混合音频，也就是预览项目时所听到的声音效果。

操作步骤

01 单击步骤面板上的 **3 分享** 按钮，进入影片分享与输出步骤。然后单击选项面板上的【创建声音文件】按钮，在弹出的图 11-8 所示的对话框中指定声音文件保存的名称、路径以及格式。

图 11-8　指定声音文件保存的名称、路径以及格式

02 单击【创建声音文件】对话框中的【选项】按钮，在弹出的图 11-9 所示的对话框中设置声音
文件的属性，设置完成后，单击【确定】按钮。

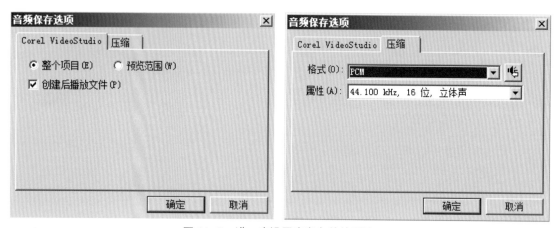

图 11-9　进一步设置声音文件的属性

◎◎◎提示

　　按照前面章节介绍的方法为项目设置开始标记和结束标记，然后在对话框中选中【预览范围】，也可以输出项目
指定范围中的声音。

03 设置完成后，单击图 11-8 中的【保存】按钮，将整部影片中所包含的音频部分单独输出。

11.3.5　单独输出项目中的视频

　　有时，也需要去除影片中的声音单独保存视频部分，以便为视频重新配音或者添加背景音乐。需要注意的是，这里单独输出的视频包含了视频轨、覆叠轨以及标题轨中的内容。也就是预览项目时，除影片中的音频之外的视频内容。

操作步骤

01 单击步骤面板上的【分享】 3 分享 按钮，进入影片分享与输出步骤。然后单击选项面板上的【创建视频文件】按钮 ，并从弹出菜单中选择【自定义】命令，如图 11-10 所示。

图 11-10　选择【自定义】命令

02 在弹出的图 11-11 所示的对话框中指定视频文件保存的名称、路径以及格式，然后单击【选项】按钮。

图 11-11　指定视频文件保存属性

03 在弹出的图 11-12 所示的对话框中单击【常规】选项卡，并在【数据轨】下拉列表框中选择【仅视频】选项。

图 11-12 选择【仅视频】选项

04 根据需要设置编码程序、帧速率和帧大小等其他各项输出属性，然后单击【确定】按钮返回【创建视频文件】对话框。单击【保存】按钮，即可单独输出项目中的视频素材。

11.4 输出 3D 视频文件

会声会影 X5 可以把影片以 3D 格式保存，观看 3D 视频时需要使用 3D 眼镜。

操作步骤

01 影片编辑完成后，单击步骤面板上的 **3 分享** 按钮，进入影片分享与输出步骤。

02 单击选项面板上的【创建视频文件】按钮，在弹出的图 11-13 所示的下拉列表中选择【3D】项目，并在子菜单中选择需要创建的视频文件的类型。

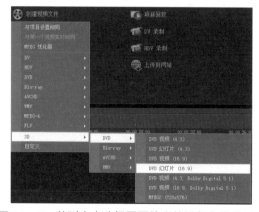

图 11-13 从列表中选择需要输出的视频文件类型

03 在弹出的对话框中指定视频文件保存的名称和路径，如图 11-14 所示。

图 11-14　指定视频文件保存的名称和路径

04 单击【保存】按钮，程序开始自动将影片中的各个素材连接在一起，并转换为 3D 影片保存，如图 11-15 所示。配合盒装版本附赠的 3D 眼镜，可以更好地欣赏 3D 影片。

图 11-15　3D 影片的效果

11.5　项目回放

项目回放用于在计算机上全屏幕地预览实际大小的影片，或者将整个项目输出到 DV 摄像机上查看效果。

11.5.1　回放整部影片

如果需要以实际大小在计算机上全屏幕地预览影片，可以按照以下的步骤操作。

操作步骤

01　单击 **3 分享** 按钮，进入影片分享步骤。

02　单击选项面板上的【项目回放】按钮 **项目回放**，打开图 11-16 所示的【项目回放】对话框。

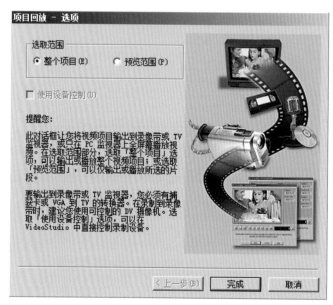

图 11-16　打开【项目回放】对话框

03　选中【整个项目】或者【预览范围】单选钮，再单击【完成】按钮，可在全屏幕状态下查看影片效果。如果要停止回放，按键盘任意键退出全屏回放。

> **提示**
>
> 如果希望查看部分范围的影片内容，需要先使用预览窗口下方的控制按钮设置开始标记和结束标记，然后在【项目回放】对话框中选中【预览范围】单选钮。

11.6　导出到移动设备

使用会声会影轻松将制作完成的影片输出到 iPod、PSP、Zune 以及 PDA/PMP、Mobile Phone 等移动设备中。首先，使用相应的连接线将移动设备与计算机连接，并安装必要的驱动程序，使计算机正确识别移动设备，然后按照以下的步骤操作。

操作步骤

01　单击步骤面板上的 **3 分享** 按钮，进入影片分享与输出步骤。

02 单击选项面板上的【导出到移动设备】按钮 █，在弹出的下拉列表中根据所使用的移动设备，选择相应的视频格式，如图 11-17 所示。

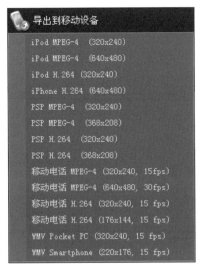

图 11-17 从列表中选择需要输出的文件类型

03 在弹出的图 11-18 所示的对话框中选择视频输出的目的设备，然后单击 █████ 按钮，将当前项目中的视频以指定的格式输出到移动设备中。

图 11-18 选择视频输出的目的设备

11.7 制作互动式 DVD 光盘

影片编辑完成后，使用会声会影可以直接刻录输出 DVD 或者 Blu-ray 蓝光光盘。下面，以 DVD 光盘刻录为例，介绍制作 DVD 光盘的操作方法。

11.7.1 选择光盘类型

01 单击步骤面板上的 █ 分享 █ 按钮，进入【分享】步骤。

02 单击选项面板上的【创建光盘】按钮 ⊙ ，从下拉菜单中选择要创建的光盘类型，在这里选择
【DVD】，如图 11-19 所示。

图 11-19　选择要刻录的光盘类型

11.7.2　添加媒体

在上一步点击创建 DVD 光盘按钮后，会声会影会自动将当前正在编辑的项目文件添加到
DVD 内容中，如图 11-20 所示。

图 11-20　当前的项目文件自动添加到 DVD 中

实际上在打开会声会影后可以直接进入分享步骤来创建 DVD 光盘。所不同的是在打开创建
光盘后需要添加媒体文件作为 DVD 光盘的内容，此时创建 DVD 向导的窗口中并无内容，需要
手动添加，如图 11-21 所示。图中左上角有四个按钮，代表可以将四种来源的媒体文件插入到将
要制作的 DVD 光盘中。这四种类型的媒体文件分别为：视频文件、会声会影的项目文件、DVD
光盘或目录内容、移动设备中的视频文件。

图 11-21 添加媒体文件

例如点击<img>按钮准备插入一个已经保存的项目文件，在【打开】对话窗中浏览计算机并选择项目文件，然后按下"<img>打开(0)</img>"，如图 11-22 所示。

图 11-22 选择项目文件

添加的项目文件将以缩略图形式出现在 DVD 制作向导中，如图 11-23 所示。重复上述步骤可以将其他视频文件、DVD 文件夹内容等媒体文件添加进来。

图 11-23　添加的媒体文件将以缩略图形式出现

点击选中缩略图可以通过拖拽的方式调整各个媒体文件的顺序，或右击鼠标删除某个媒体文件，如图 11-24 所示。

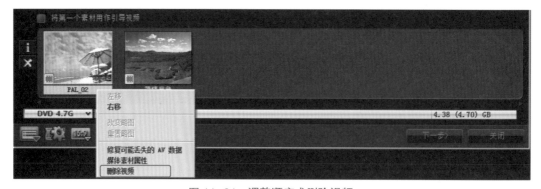

图 11-24　调整顺序或删除视频

11.7.3　添加和编辑章节

在 Corel VideoStudio 光盘创建向导中为单个媒体文件添加章节，方便在光盘上查找想要播放的片断，添加章节可以使用软件的自动添加功能，也可以手动添加章节。

01 选中界面上需要创建章节的媒体文件的缩略图，使之处于黄色标记，然后单击【添加 / 编辑章节】按钮，如图 11-25 所示。

图 11-25　单击【添加 / 编辑章节】按钮

02 如需让软件自动添加章节，可在弹出的【添加 / 编辑章节】对话框中单击【自动添加章节】，如图 11-26 所示。

图 11-26　单击【自动添加章节】

03 并在弹出的对话框中选中【将场景作为章节插入】，如图 11-27 所示。

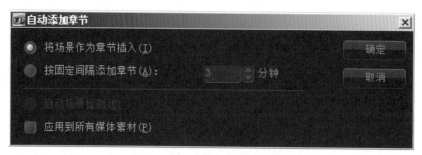

图 11-27　选中【将场景作为章节插入】

04 单击 确定 按钮，程序自动查找场景并添加到下方的列表中，如图 11-28 所示。

图 11-28　自动查找场景

05 如需删除某些章节，可点击窗口下方的缩略图，利用 Shift 键可以一次选择多个章节，然后按下左侧的 " 删除章节 " 按钮，将该章节删除，如需删除所有章节，可点击窗口左侧的 " 删除所有章节 " 按钮，删除所有章节，如图 11-29 所示。章节添加并修改后，最后单击 确定 按钮，返回创建光盘向导界面。

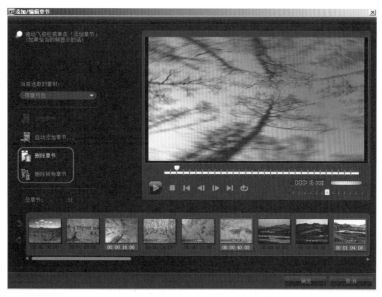

图 11-29　删除部分或所有章节

11.7.4　选择场景菜单

　　接下来，需要选择场景菜单并设置菜单属性，创建场景菜单的步骤如下。

01 继续前文添加完章节后，在 DVD 制作向导中单击　下一步 按钮，如图 11-30 所示。

图 11-30　单击"下一步"继续按钮

02 点击【高级编辑】打开更多信息，并勾选【创建菜单】，表示将要创建场景菜单如图 11-31 所示。

图 11-31　打开高级编辑勾选【创建菜单】

03 如需要在 DVD 中添加一段引导视频，可以将引导视频参照前面介绍的方法添加进来，并将该视频移动到最左侧第一个，然后勾选【将第一个素材用作引导视频】，引导视频缩略图的左上角将出现一个【1】标记，如图 11-32 所示。该 DVD 添加了 4 段媒体文件，其中第一段作为引导视频使用。点击 按钮打开【菜单和预览】步骤。

图 11-32　添加引导视频

🔮🔮🔮**提示**

引导视频是指 DVD 光盘放入播放机时，在出现 DVD 菜单之前自动播放的一段视频。

04 在【菜单和预览】步骤，单击操作界面左侧的三角按钮，从下拉列表中选择模板类型，如图 11-33 所示。

图 11-33　进入【菜单和预览】步骤并选择模板类型

05 在左侧的略图上双击鼠标，选择需要使用的主菜单模板，右侧的预览窗口显示的就是 DVD 播放时的主菜单画面，如图 11-34 所示。

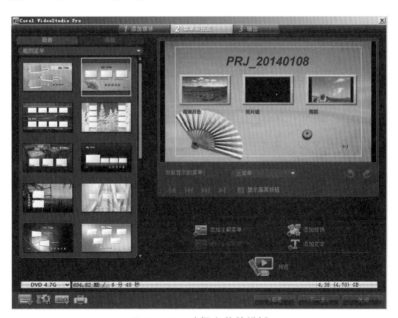

图 11-34　选择主菜单模板

06 可对画面上的略图大小、内容、视频段的名称、按钮等进行修改，比如需要修改【PRJ_20140108】的文件名，双击预览窗口中的【PRJ_20140108】，使它处于编辑状态，然后输入新的影片名称。用同样的方式双击场景标题，然后输入新的场景名称，如图 11-35 所示，同样可以对其他内容进行修改。

图 11-35　输入影片标题

07 主菜单设置完成后，由于前面已经为【荷塘月色】这段视频添加了章节，所以，可以继续为该视频片段制作子菜单，从【当前显示的菜单】下拉列表框中选择子菜单的名称，如【荷塘月色】，如图 11-36 所示。

图 11-36　选择子菜单名称

08 在左侧列表中单击略图，为子菜单选择模板，如图 11-37 所示。

图 11-37 为子菜单选择模板

09 双击预览窗口中的文字标题，使它处于编辑状态，然后输入菜单标题和场景标题，如图 11-38 所示。

图 11-38 输入菜单标题和场景标题

10 选择【编辑】选项卡，在操作界面左侧进一步设置背景音乐、动态菜单、背景图像 / 视频、字体、布局等属性，如图 11-39 所示。

图 11-39　进一步设置菜单属性

11.7.5　效果预览

在刻录影片之前预览整部影片的效果。用会声会影的遥控器模拟在 DVD 播放机上播放的效果。

01 单击操作界面上的 ![按钮]按钮，进入【预览】步骤，单击 ![按钮] 按钮（该按钮被单击后的形状为 ![按钮] ），在预览窗口中查看影片的主菜单，如图 11-40 所示。

图 11-40　单击【预览】按钮进入【预览】步骤

02 在场景标题上单击鼠标，查看子菜单内容，如图 11-41 所示。

图 11-41 查看子菜单内容

03 在任意一个场景略图上单击鼠标，从当前场景开始播放，如图 11-42 所示。操作界面左侧其他导览控件的用法与家用 DVD 播放机的标准遥控器相同。

图 11-42 从当前场景开始播放

11.7.6　刻录光盘

影片预览完成后，单击 <后退> 按钮，再单击 下一步 按钮，进入刻录输出步骤，如图 11-43 所示。按照各种刻录属性，然后单击【刻录】按钮，即可渲染影片并将影片刻录到光盘上。

图 11-43　刻录输出步骤